美术设计与制作专业系列教材

装帧设计

李 迪 主编

北京交通大学出版社

· 北京 ·

内容简介

本书对传统的书籍装帧教学内容作了一些改革尝试，以就业为导向，强调能力本位的培养目标，重视创意思维教学与传统书籍装帧艺术教学之间的联系，通过每个单元的任务实训，培养学生的岗位动手操作应用能力。遵循书籍装帧的设计和制作规范，通过社科类书籍、科技类书籍、特殊类装帧设计书籍等不同的设计载体，在完成课程目标要求的同时，使学生亲身经历装帧设计的制作设计要求和工艺特点。

本书适合中职美术设计与制作专业教学使用，同时也适合该专业初学者阅读。

图书在版编目（CIP）数据

装帧设计／李迪主编. —北京：北京交通大学出版社，2015. 8
ISBN 978-7-5121-2375-5

Ⅰ. ① 装… Ⅱ. ① 李… Ⅲ. ① 书籍装帧-设计 Ⅳ. ① TS881

中国版本图书馆 CIP 数据核字（2015）第 207407 号

策划编辑：张家旺
责任编辑：井 飞 罗 静 特邀编辑：吕 宏
出版发行：北京交通大学出版社 电话：010-51686414
地 址：北京市海淀区高梁桥斜街 44 号 邮编：100044
印 刷 者：北京时代华都印刷有限公司
经 销：全国新华书店
开 本：185×260 印张：6. 75 字数：162 千字
版 次：2015 年 9 月第 1 版 2015 年 9 月第 1 次印刷
书 号：ISBN 978-7-5121-2375-5/TS · 31
定 价：28. 00 元

本书如有质量问题，请向北京交通大学出版社质监组反映。对您的意见和批评，我们表示欢迎和感谢。
投诉电话：010-51686043，51686008；传真：010-62225406；E-mail：press@bjtu. edu. cn。

丛书顾问委员会

丛书编委会

前言

装帧设计是平面设计类专业必修的基础课程。在知识与技能上是通往艺术设计各专业学习的重要桥梁与支柱，是造就一个设计师所应具备的最基本的知识，也是树立学生设计观、审美观、专业认识观的重要平台。

本教材的主要任务是学习书籍装帧设计的基础知识及不同种类的出版物封面和内页设计变化原则与技巧，提高学生的观察能力、想象能力及创造能力，提高学生实际动手制作的能力。具体内容如下。

学习单元一：设计社科类书籍。主要是初步了解发稿单和对发稿单的分析，了解纸张和开本，以及社科类书籍封面的特点，尝试完成装帧设计中的封面设计和内页版式设计。

学习单元二：设计科技类书籍。主要是让学生进一步熟悉发稿单，初步了解素材收集的知识，进一步了解书籍结构和装帧流程，尝试完成科技类图书装帧设计中的封面设计和内页版式设计。

学习单元三：设计艺术类书籍。主要是进一步熟悉发稿单，尝试收集素材，尝试运用不同种类的材料进行艺术类装帧设计。

本教材以技能训练、审美素养训练、创新意识培养为基本要求，重点突出基础知识与造型基础能力的训练，挖掘学生个性思维，提升创造能力，提高视觉表达方法和手段，调动学生学习的积极性，为其他专业课程的学习奠定基础。

编　者

学习单元说明

学习单元序号	学习单元名称	任　务
1	设计社科类书籍	1. 社科类书籍封面设计 2. 社科类书籍内页版式设计
2	设计科技类书籍	1. 科技类书籍封面设计 2. 科技类书籍内页版式设计
3	设计艺术类书籍	1. 艺术类书籍封面设计 2. 艺术类书籍内页版式设计

课时分配建议

课时分配表				
课程	单元	任务	项目	成果
装帧设计（72）	设计社科类书籍（30）	社科类书籍封面设计（15）	（1）分析通知单	大学堂·中国近代史：1600—2000中国的奋斗
			（2）认识纸张和开本	
			（3）设计社科类书籍封面	
		社科类书籍内页版式设计（15）	（1）分析通知单	
			（2）设计社科类书籍内页版式	
	设计科技类书籍（21）	科技类书籍封面设计（10）	（1）分析通知单和素材收集	电子与通信教材系列：信号与系统
			（2）认识书籍结构和书籍字体设计	
			（3）设计科技类书籍封面	
		科技类书籍内页版式设计（11）	（1）分析通知单	
			（2）设计科技类书籍内页版式	
	设计艺术类书籍（21）	艺术类书籍封面设计（10）	（1）分析通知单和素材收集	张大千
			（2）设计艺术类书籍封面	
		艺术类书籍内页版式设计（11）	（1）分析通知单	
			（2）设计艺术类书籍内页版式	

目录

学习单元一
设计社科类书籍

任务1 社科类书籍封面设计

项目1 分析通知单

项目2 认识纸张和开本

项目3 设计社科类书籍封面

任务2 社科类书籍内页版式设计

项目1 分析通知单

项目2 设计社科类书籍内页版式

总体概述

社科类书籍是书籍装帧中的一种，有着其独特的设计风格和设计要求。在本学习单元中我们将学习社科类书籍的设计方法，同时穿插书籍设计的纸张开本等设计知识，为今后进一步深造和创作奠定必备的设计基本功和良好的艺术审美品位。

学习内容

- 社科类书籍封面设计
- 社科类书籍内页版式设计

评价标准

- 初步了解和领会出版物设计的基本原则和设计要求
- 初步具备对社科类出版物进行编排的能力
- 初步具备社科类封面设计的能力
- 体现形式美的法则

教学工具

- 学具：笔记本，钢笔，PS、AI、ID 等设计软件，计算机
- 教具：实物投影仪，不同版本社科类书籍，彩色复印机

任务1　社科类书籍封面设计

一、任务规划

任务描述

通过对社科类书籍封面设计的学习，初步了解出版物行业的设计要求与规定。

任务活动

项目1　分析通知单
项目2　认识纸张和开本
项目3　设计社科类书籍封面

学习建议

◆ 通过对出版物的分析和欣赏，结合理论学习，掌握书籍装帧设计的基本表现形式，熟悉书籍装帧设计的基本语言和方法

◆ 分组进行分析（4人一组）

◆ 课前可以多看一些社科类书籍装帧的相关资料

评价标准

◆ 初步了解和领会出版物设计的基本原则和设计要求

◆ 初步具备对社科类出版物进行编排的能力

◆ 初步具备社科类封面设计的能力

◆ 体现形式美

任务实施（任务单）

学生姓名：　　　　　班级：　　　　　学号：　　　　　组号：

单元任务	项目	项目内容	项目流程	项目时间	项目成果
社科类书籍封面设计	分析通知单	1. 了解任务目标及需求 2. 了解通知单的内容	1. 任务解析 2. 任务实施	1 课时	讲解分析通知单
		了解通知单对于设计的指导作用	通过通知单了解其对于设计样稿的指导作用		
		设备需求	1. 多媒体专业教室 2. 笔记本、钢笔，纸样等		
	认识纸张和开本	了解任务目标及需求	分析任务	2 课时	纸张的材质和开本
		了解不同纸张的材质及开本	1. 展示不同纸张，分析材质 2. 讲解纸张的开本		
		设备需求	1. 多媒体专业教室 2. 笔记本、钢笔，纸样等		
	设计社科类封面	了解社科类书籍封面的设计要求	归纳社科类书籍封面的设计风格特点和设计要求	4 课时	尝试完成社科类书籍封面的设计
		了解社科类书籍封面的设计特点	尝试完成社科类书籍封面的设计		

二、任务实施

项目1 分析通知单

1. 项目描述

观察通知单中的项目和要求，初步了解书籍装帧设计前的基本知识和注意事项，树立学习目标，明确学习任务。

2. 工作环境

设备要求：图库、纸样、扫描仪、计算机、设计软件、复印机

3. 项目实施

1）社科类书籍封面赏析（如图 1-1 所示）

图 1-1　社科类书籍封面赏析（一）

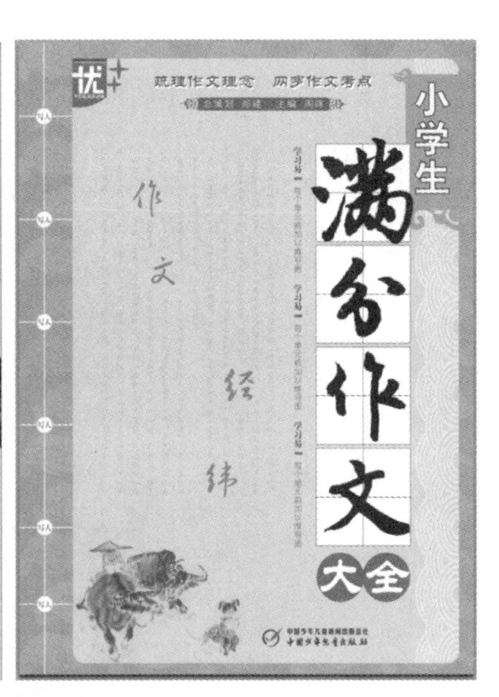

图 1-1　社科类书籍封面赏析（二）

2）基础知识

(1) 书籍装帧的设计大体可以分为两部分，即“封面设计”和“内页设计”。

(2) 我们所说的“封面设计”，其实只是一个概念的总称，具体说来，这部分的设计由三部分组成，即“封面设计”“书脊设计”和“封底设计”。

(3) 内页设计也是一个总称，主要由“版权页设计”“扉页设计”“内文版式设计”等几部分组成。

(4) 书籍封面设计是根据书籍的内容和题材决定的。设计师在设计之前要与相关编辑进行细致的沟通，之后，再根据相应的要求进行设计。

(5) 书籍封面设计，一定要符合书籍的内容，体现书籍的特点。

(6) 书籍封面设计的目的是在满足书籍内容要求的前提下，尽可能地起到宣传书籍、吸引读者的作用。

3）封面设计通知单

封面设计通知单

<table>
<tr><td>书名</td><td colspan="2">儿童唐诗三百首入门</td><td colspan="2"></td><td colspan="2">版次</td><td colspan="2">4</td></tr>
<tr><td>选题号</td><td>2014001039</td><td></td><td colspan="6"></td></tr>
<tr><td>作者</td><td>××</td><td>类别</td><td colspan="6">参考书</td></tr>
<tr><td>字数</td><td>40 千字</td><td>图数</td><td>彩图</td><td>0</td><td>幅</td><td>线条图</td><td>300</td><td>幅</td></tr>
<tr><td>开本</td><td>大 16 开</td><td>装式</td><td colspan="6">精装</td></tr>
<tr><td>版式</td><td>横排</td><td>封面用料</td><td colspan="3"></td><td colspan="3"></td></tr>
<tr><td>计划发稿日</td><td>2014-03-13</td><td>印数</td><td colspan="6">6000 册</td></tr>
<tr><td>读者对象</td><td>学生</td><td>销售分类</td><td colspan="6">教辅类</td></tr>
<tr><td>策划编辑邮箱或 MSN</td><td colspan="8">××××××</td></tr>
<tr><td colspan="9"></td></tr>
<tr><td rowspan="5">策划编辑对设计的建议</td><td>风格</td><td colspan="7">庄重、活泼</td></tr>
<tr><td>主色调</td><td colspan="7">明快</td></tr>
<tr><td>图片</td><td colspan="7">具象图</td></tr>
<tr><td>文字</td><td colspan="7"></td></tr>
<tr><td colspan="8">其他建议</td></tr>
<tr><td colspan="9"></td></tr>
<tr><td colspan="2">策划编辑</td><td colspan="2">××</td><td colspan="2">编辑部主任</td><td colspan="3">××</td></tr>
<tr><td colspan="2">生产调度中心主任签字</td><td colspan="7">××</td></tr>
<tr><td colspan="2">封面设计负责人</td><td colspan="2">××</td><td colspan="2">封面设计</td><td colspan="3"></td></tr>
<tr><td colspan="2">封面文字附件</td><td colspan="2"></td><td colspan="2">图片封底文字</td><td colspan="3"></td></tr>
</table>

4）分析思考

(1) 通过观察通知单，你能分析出哪些具体的要求？

(2) 对于接下来的设计工作有哪些要求和注意事项？

5）归纳总结

(1) “书名”是一本书的题目，也是书籍封面中的核心文字。此外，封面还应有作者姓名及出版社名称等。

(2) 要注重开本的大小，开本是设定书籍封面大小的依据，在接下来的学习单元里，我们会详细地列出不同开本的大小。

(3) 版式是指文字版式的排列方式（横排或者竖排），设计师按照通知单要求来进行相应的设计编排。

(4) 关注“风格”“主色调”图片。

(5) “风格”和“主色调”是根据通知单要求，设计师所表现的设计特点和营造的设计氛围。

(6) 要求设计师在设计过程中尽可能地使用“具象”图片，而不是“抽象”的图片。

小提示：设计通知单是出版社对出版物设计风格的要求。设计师应该在通知单要求的范围内进行设计。

6）实际操作

请根据下面通知单的内容，分析一本书籍的设计风格，请具体说出设计时要注意的设计元素。

封面设计通知单

<table>
<tr><td>书名</td><td colspan="2">宋词入门</td><td colspan="3"></td><td colspan="2">版次</td><td>2</td></tr>
<tr><td>选题号</td><td>2014001040</td><td></td><td colspan="6"></td></tr>
<tr><td>作者</td><td>× ×</td><td>类别</td><td colspan="6">参考书</td></tr>
<tr><td>字数</td><td>60 千字</td><td>图数</td><td>彩图</td><td>0</td><td>幅</td><td>线条图</td><td>200</td><td>幅</td></tr>
<tr><td>开本</td><td>大 16 开</td><td>装式</td><td colspan="6">精装</td></tr>
<tr><td>版式</td><td>横排</td><td>封面用料</td><td colspan="3"></td><td colspan="3"></td></tr>
<tr><td>计划发稿日</td><td>2014-03-13</td><td>印数</td><td colspan="6">6000 册</td></tr>
<tr><td>读者对象</td><td>学生</td><td>销售分类</td><td colspan="6">教辅类</td></tr>
<tr><td>策划编辑邮箱或 MSN</td><td colspan="8">× × × × × ×</td></tr>
<tr><td colspan="9"></td></tr>
<tr><td rowspan="5">策划编辑对设计的建议</td><td>风格</td><td colspan="7">庄重、典雅</td></tr>
<tr><td>主色调</td><td colspan="7">明快</td></tr>
<tr><td>图片</td><td colspan="7">具象图</td></tr>
<tr><td>文字</td><td colspan="7"></td></tr>
<tr><td colspan="8">其他建议</td></tr>
<tr><td colspan="9"></td></tr>
<tr><td colspan="2">策划编辑</td><td colspan="2">× ×</td><td colspan="2">编辑部主任</td><td colspan="3">× ×</td></tr>
<tr><td colspan="2">生产调度中心主任签字</td><td colspan="7">× ×</td></tr>
<tr><td colspan="2">封面设计负责人</td><td colspan="2">× ×</td><td colspan="2">封面设计</td><td colspan="3"></td></tr>
<tr><td colspan="2">封面文字附件</td><td colspan="2"></td><td colspan="2">图片封底文字</td><td colspan="3"></td></tr>
</table>

项目 2　认识纸张和开本

1. 项目描述

初步了解纸张和开本的基本知识。

2. 工作环境

设备要求：多媒体专业教室。

3. 项目实施

1）赏析（如图 1-2～图 1-5 所示）

图 1-2　赏析 1

图 1-3　赏析 2

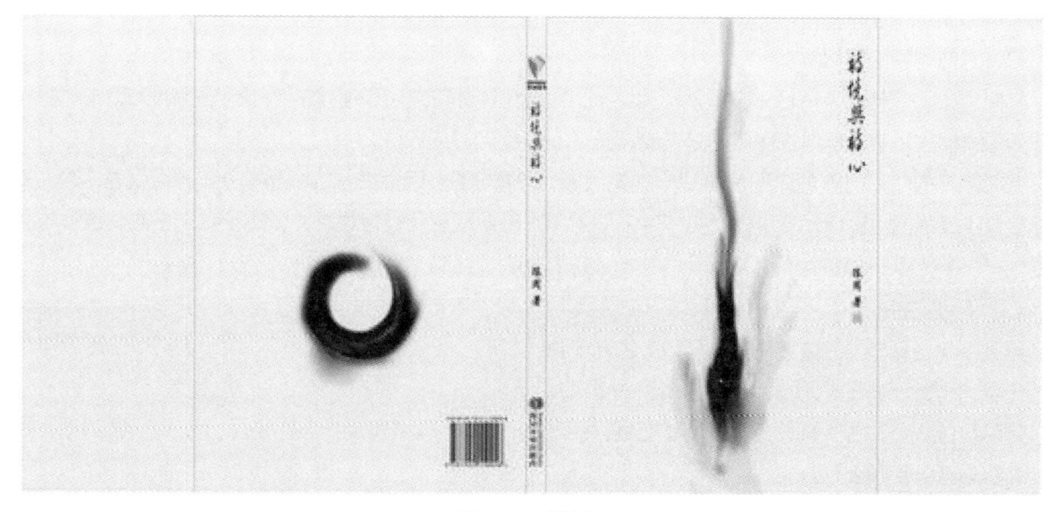

图 1-4　赏析 3

图 1-5　赏析 4

2）分析

(1) 请大家仔细观察这些不同书籍的封面，分析它们的不同之处。

(2) 这些书籍封面差异性的原因是什么？（列出具体原因）

3）基础知识

书籍的内容需要通过包装进行展示。书籍装帧既是一种比较特殊的包装展示形式，也是对内容的一种体现。换言之，它的每一处设计都应该尽可能地体现书籍的内容，即通过各种设计元素，如版式、材质、印刷工艺等，呈现出各种各样的表现形式，以及所带给人们的心理感受。这些是设计师在进行书籍装帧设计时所应该考虑的地方。

(1) 书籍装帧的承载物。

书籍装帧的承载物是书籍外在表现形式之一，也是设计师首先应该考虑的地方。设计师会尝试将各种材质运用在装帧表现上，但是纸张依旧是书籍装帧外在表现的主要载体。

最为常见的书籍的承载体是“纸张”。如铜版纸、新闻纸等。因为纸张的种类繁杂。触摸它时，给人的心理感受也不尽相同。设计师要根据纸张带给人们的不同的心理感受进行设计，以达到突出主题、贴近内容的需要。

(2) 纸张的材质。

纸张作为书籍装帧的重要载体，其分类也是非常细致的。纸张的合理选择对后期印刷的效果起着举足轻重的作用，是设计师在进行设计时必须慎重考虑的地方。

最常见的纸张：铜版纸、道林纸、模造纸、印书纸、画图纸、招贴纸、打字纸、圣经纸、邮封纸、香烟纸、格拉辛纸、新闻纸等。

书籍封面中的每一处设计都是对书籍内容的体现，在此基础上，设计师进行相应的设计，在体现内容的同时，突出主题，吸引读者。在印刷中，选择相应的纸张同样是为体现内容，突出主题。如图 1-6 所示。

图 1-6 封面欣赏

(3) 常用纸张的分类。

凸版纸

凸版纸主要供凸版印刷使用，常用于较粗糙的书籍、杂志封面等。由于凸版纸的纤维组织比较均匀，同时纤维间的空隙又被一定量的胶料充填，并且还经过漂白处理，所以凸版纸对印刷具有较好的适应性。除此之外，凸版纸还具有吸墨均匀、抗水性能好、质地均匀、不起毛、略有弹性、不透明等优点。如图 1-7 所示。

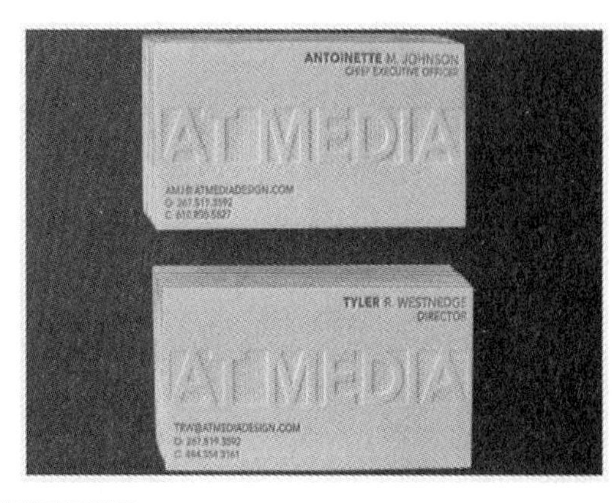

图 1-7 凸版纸印刷品

新闻纸

新闻纸也叫白报纸，是报刊书籍的主要用纸，适用于报纸、期刊、课本、连环画等正文用纸。新闻纸纸质松轻、富有较好的弹性，吸墨性能好。如图 1-8 所示。

SPORTS

COLLINS ACCEPTS BUTLER JOB

MOVING FORWARD

HUSKERS' GOAL: HIRE COACH BY START OF SCHOOL YEAR

NU needs to think big in basketball

Pederson has candidates, but hasn't contacted them

BY THE NUMBERS: COLLIER AT NEBRASKA

89-91 | 2-2 | 1-6 | 19-14

NEBRASKA FOOTBALL

Pederson likes the direction he sees NU football taking

Nebraska, PGA Tour not a good fit

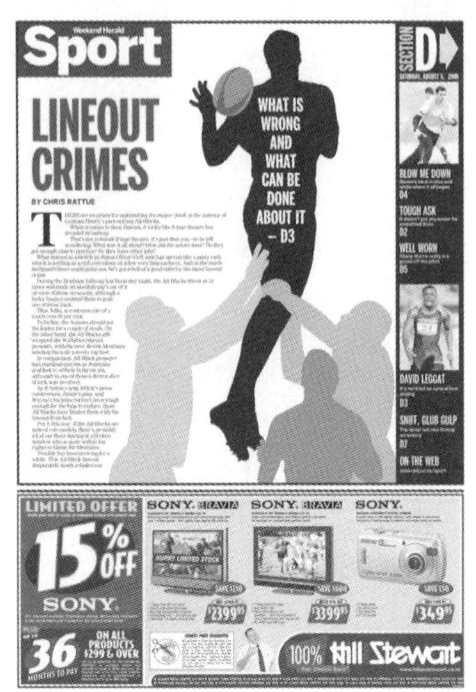
Weekend Herald

Sport

LINEOUT CRIMES

BY CHRIS RATTUE

WHAT IS WRONG AND WHAT CAN BE DONE ABOUT IT – D3

SECTION D

BLOW ME DOWN

D4

TOUGH ASK

D2

WELL WORN

D5

DAVID LEGGAT

D3

SNIFF, CLUB GULP

D7

ON THE WEB

capa

Prestes a dividir o mesmo tempo e espaço com os ídolos Jonas Brothers, fãs brasileiras cometem mil loucuras

Separação pode ter afastado Demi Lovato

Nick

Joe

Kevin

PAIXÃO À FLOR DA PELE

图 1-8　新闻纸印刷品

铜版纸

铜版纸又称涂料纸，经常被运用于封面设计中。纸张表面光滑，白度较高，纸质纤维分布均匀。铜版纸主要用于印刷画册、封面、明信片、精美的产品样本，以及彩色商标等。如图 1-9 所示。

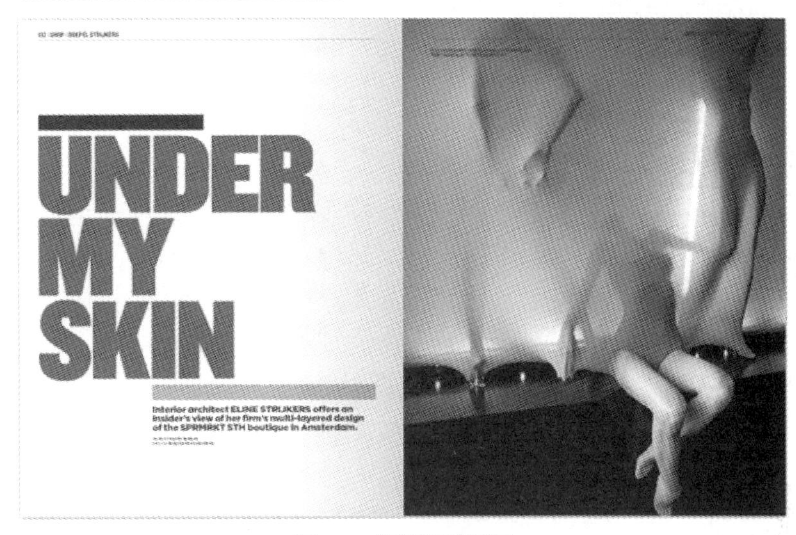

图 1-9　铜版纸印刷品

（4）纸张的开本

所谓纸张的开本是指一本书的大小。将一整张纸，成比例地依次裁成不同的大小张数，利用一定的标准来表示书的大小。如图 1-10 所示。

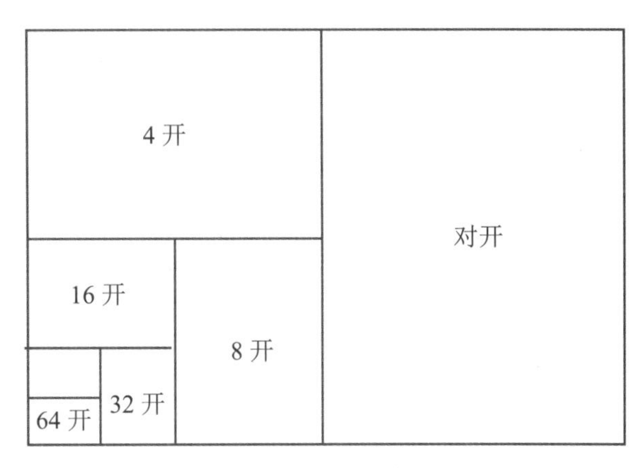

图 1-10　开本示意图

以16开为例，把一整张纸均等、依次地切成相等的16小张，即16开，如果均等、依次的切成32小张，就叫32开。

特别提示：因为目前市场上常用的整开纸张的大小规格不尽相同，因此，按照不同规格，切成的纸张大小也是不同的。

目前，市场上常用的整开纸张的规格有以下两种。

正度纸：长1 092 mm，宽787 mm。

大度纸：长1 194 mm，宽889 mm。

将787 mm×1 092 mm的纸张依次切成32小份，统称这种规格的纸张开本为正32开。

将889 mm×1 194 mm作为整开的纸张，依次切成的32小份叫大32开。

纸张的常用开本尺寸如下（单位：mm）。

① 正度纸：787 mm×1 092 mm

全开：781 mm×1 086 mm　　2开：530 mm×760 mm

3开：362 mm×781 mm　　4开：390 mm×543 mm

6开：362 mm×390 mm　　8开：271 mm×390 mm

16开：195 mm×271 mm

② 大度纸：889 mm×1 194 mm

全开：844 mm×1 162 mm　　2开：581 mm×844 mm

3开：378 mm×844 mm　　4开：422 mm×581 mm

6开：387 mm×422 mm　　8开：290 mm×422 mm

16开：210 mm×285 mm　　32开：203 mm×140 mm

4）不同开本的设计应用

(1) 期刊或画册，一般开本较大。如图1-11所示。

图1-11　开本欣赏1

(2) 绝大多数的书籍一般为16～32开，幅度较大，范围较广。如图1-12所示。

图 1-12　开本欣赏 2

(3) 像 60 开这样的小开本，多运用于手册、工具书等，具有携带方便的特点。如图 1-13 所示。

图 1-13　开本欣赏 3

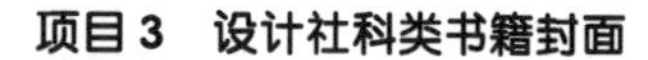

项目 3　设计社科类书籍封面

1. 项目描述

运用之前所学的知识，尝试设计一张社科类书籍的封面。

2. 工作环境

设备要求：实物投影仪、多媒体专业教室。

3. 项目实施

1）赏析（如图 1-14 和图 1-15 所示）

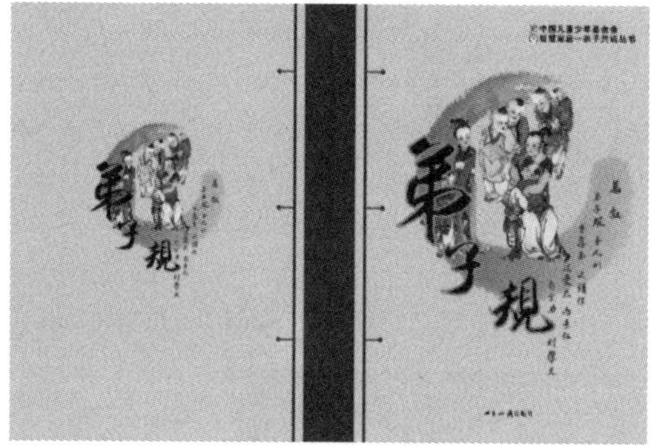

图 1-14　赏析 1

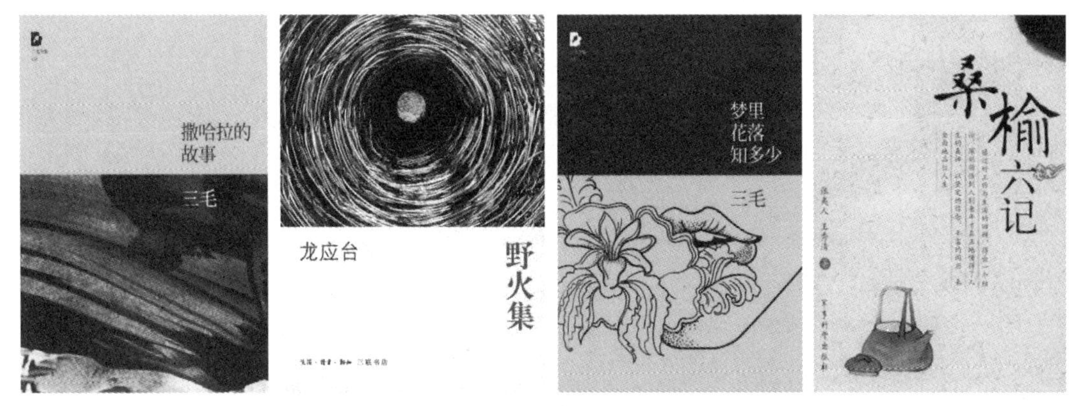

图 1-15　赏析 2

(1) 分析。

根据上述图例内容，感受社科类书籍装帧封面设计特点。

(2) 基础知识。

社科类书籍的特点：社科类书籍就是社会科学范围内的书籍。社科是社会科学的简称，是以社会现象为研究对象的科学。

社会科学是一个涵盖面较大的学科。它涵盖了人们生活中的政治、经济、文学、历史、地理等诸多方面。

图片的特点：社科类的书籍内容范围较广，封面图片的使用更不可一概而论，不能简单地概括为具象图片或者抽象图片。由于社科类书籍封面大多要求突出画面氛围，因此，在设计时需考虑所用图片的品位。

文字的特点：由于社科类书籍内容的范围较广，一般情况下，在文字的选择上我们倾向于“宋体、楷体”及它们的衍生字体等。当然正如前文所说，社科类涉猎范围较广，在字体的运用方面也不可一概而论，更不能僵化、教条地只运用这两种字体及其衍生字体。如图 1-16 和图 1-17 所示。

图 1-16　赏析 1

图 1-17　赏析 2

2）社会科学类封面设计的实际操作

步骤 1：根据所给通知单，了解书籍的开本。设定封面、书脊、封底的大小。

封面设计通知单

<table>
<tr><td colspan="2">书名</td><td colspan="2">古代文学精粹</td><td colspan="2"></td><td>版次</td><td colspan="2">2</td></tr>
<tr><td colspan="2">选题号</td><td>2014001016</td><td></td><td colspan="5"></td></tr>
<tr><td colspan="2">作者</td><td>××</td><td>类别</td><td colspan="5">参考书</td></tr>
<tr><td colspan="2">字数</td><td>800 千字</td><td>图数</td><td>彩图</td><td>0</td><td>字数</td><td></td><td>图数</td></tr>
<tr><td colspan="2">开本</td><td>大 16 开</td><td>装式</td><td colspan="5">精装</td></tr>
<tr><td colspan="2">版式</td><td>横排</td><td>封面用料</td><td colspan="3"></td><td colspan="2"></td></tr>
<tr><td colspan="2">计划发稿日</td><td>2014-10-13</td><td>印数</td><td colspan="5">6000 册</td></tr>
<tr><td colspan="2">读者对象</td><td>学者</td><td>销售分类</td><td colspan="5">教辅类</td></tr>
<tr><td colspan="2">策划编辑邮箱或 MSN</td><td colspan="7">××××××</td></tr>
<tr><td colspan="9"></td></tr>
<tr><td rowspan="5">策划编辑对设计的建议</td><td>风格</td><td colspan="7">庄重</td></tr>
<tr><td>主色调</td><td colspan="7">明快</td></tr>
<tr><td>图片</td><td colspan="7">具象图</td></tr>
<tr><td>文字</td><td colspan="7"></td></tr>
<tr><td colspan="8">其他建议</td></tr>
<tr><td colspan="9"></td></tr>
<tr><td colspan="2">策划编辑</td><td colspan="2">××</td><td colspan="3">编辑部主任</td><td colspan="2">××</td></tr>
<tr><td colspan="2">生产调度中心主任签字</td><td colspan="7">××</td></tr>
<tr><td colspan="2">封面设计负责人</td><td colspan="2">××</td><td colspan="3">封面设计</td><td colspan="2"></td></tr>
<tr><td colspan="2">封面文字附件</td><td colspan="2"></td><td colspan="3">图片封底文字</td><td colspan="2"></td></tr>
</table>

根据通知单的内容，有目的地选择相应的封面设计作品进行欣赏。如图 1-18 所示。

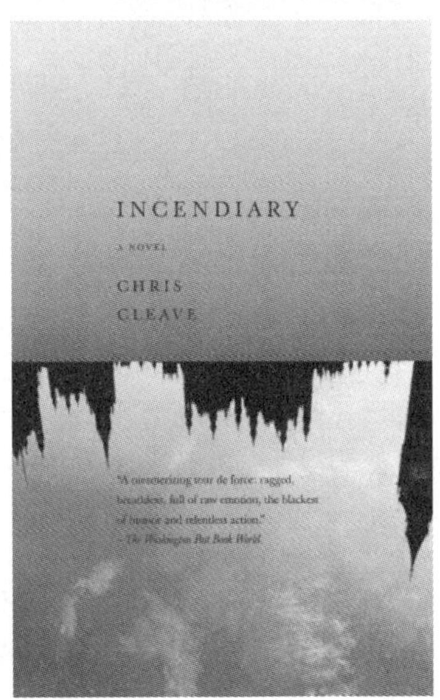

图 1-18　作品欣赏

步骤 2：根据所给通知单的内容，选择相应的图片，并进行图片处理。

这一步骤要求大家根据发稿单的要求，通过归纳，设定出这本书籍的大概风格，如是清新还是热烈，是简约还是相对复杂等。

根据设定好的设计风格选择图片并进行相应的调整。

步骤 3：对封面文字标题进行设计，并且进行相关的版式调整。

步骤 4：对书脊文字进行设计编排，调整文字大小和编排位置。

书脊设计是书籍装帧设计中的重要组成部分。大多数初学者对于装帧设计不了解，将设计的时间和精力放到书籍的封面设计中，而对于书脊的设计则没有给予更多的重视，这显然是个误区。我们在书店选购图书时，大量书籍是竖立排列在书架上的，读者首先看到的不是封面而是书脊部分。从构造上来说，书脊是连接封面和封底的中间部分，是重要的构造元素和设计元素。书脊的设计也同样能够起到吸引读者的重要作用。

书脊的设计是装帧设计的重要环节，是书籍结构的重要组成部分。书籍装帧是一个整体，因此，同封面设计一样，对书脊的设计也应该给与同等的力度。此外，书脊兼有功能任务，即帮助销售。如上所述，很多情况下，读者走进书店，首先观察到的是货架上图书的书脊部分，而不是书籍的封面部分。因此，书脊设计得好同样能够起到吸引读者的作用。如图 1-19 所示。

图 1-19　书店图书

书脊样式的设计一定要和书籍的封面设计保持一致。书脊和封面是一个整体，如果设计风格不一致，就会给读者带来歧义，影响整个装帧的设计效果，这样就破坏了书籍装帧设计的整体性和可识别性。如图 1-20 所示。

图 1-20　书脊欣赏

书脊文字同书籍封面一样，除了在风格上保持一致之外，还要注意文字的大小和位置，使书籍文字保持整体风格。如图 1-21 所示。

图 1-21　封面欣赏

步骤 5：对封底进行设计，并且进行相关的版式调整。

书籍是一个整体。同封面设计和书脊设计一样，封底设计也应该受到设计师的重视。忽略了其中的任何一个方面，都会破坏它整体的设计效果，破坏书籍装帧的整体性。如图 1-22 所示。

图 1-22　作品欣赏

书籍的封底设计同样是装帧设计的一部分。相对于封面而言，这一部分的设计更趋向于起辅助作用，主要为了烘托封面的设计效果。

首先，封面设计与封底设计是一个整体，设计风格应该贯穿于整个设计中，切勿出现头尾分家的情况。其次，封面设计和封底设计同样存在着主次之分，在装帧设计中，封面设计要居于主体地位，如果设计师将大量精力较均衡地分散在封面和封底设计中，势必会影响到设计的效果。二者应该体现的是主体与辅助之间的关系。最后，在一般的封底设计中，常见的文字除了责任编辑、美术编辑等的名字信息之外,设计师一定要留出条形码的位置和定价的位置。如图 1-23～图 1-26 所示。

图 1-23　作品欣赏 1

图 1-24　作品欣赏 2

图 1-25　作品欣赏 3

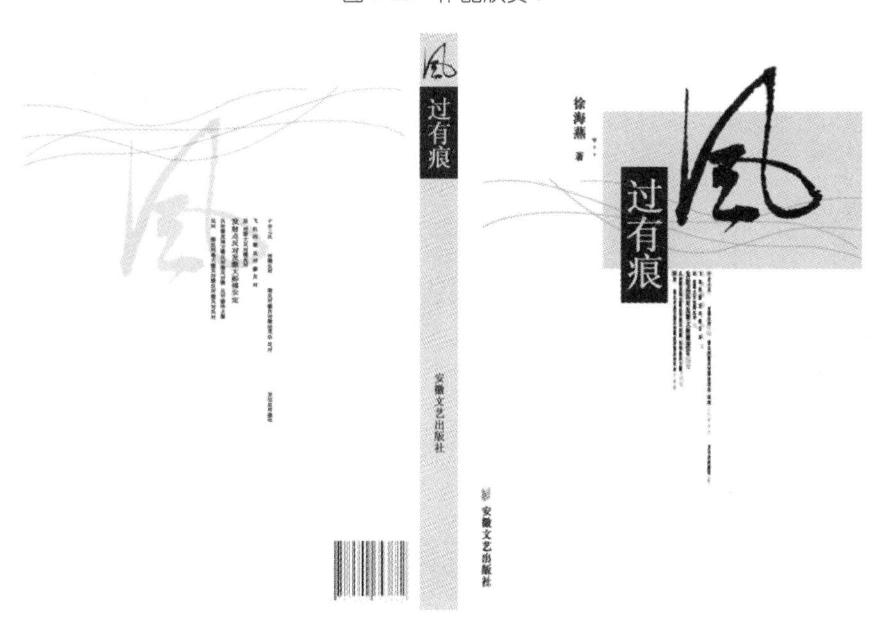

图 1-26　作品欣赏 4

3）尝试完成社科类书籍封面的设计

请以《大学堂·中国近代史：1600—2000 中国的奋斗》为题目，尝试进行书籍封面、书脊、封底的设计。

4）社科类书籍装帧设计欣赏（如图 1-27～图 1-34 所示）

图 1-27　设计欣赏 1

图 1-28　设计欣赏 2

图 1-29　设计欣赏 3

图 1-30　设计欣赏 4

图 1-31　设计欣赏 5

图 1-32　设计欣赏 6

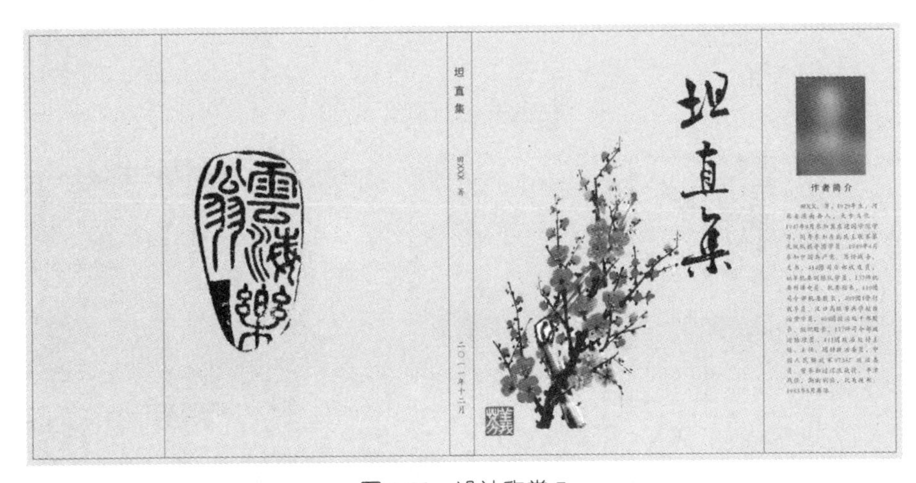

图 1-33　设计欣赏 7

图 1-34　设计欣赏 8

三、任务验收

学生姓名：　　　　班级：　　　　学号：　　　　组号：

	人员	评价标准	所占分数比例	各项分数	总分
任务 1	小组互评（组长填写）	1. 学习态度认真（2） 2. 初步掌握分析通知单的能力（3） 3. 具有表达能力和理解能力（2） 4. 具备良好的工作习惯（3）	10%		
	自我评价（学生填写）	1. 初步了解装帧封面设计的行业设计要求与规定（2） 2. 初步了解装帧设计材料、开本等专业知识，素材收集的方法和行业要求（4） 3. 具有想象力和创新能力（4）	10%		
	教师评价（教师填写）	完成任务并符合评价标准（60） 1. 了解书籍装帧设计的基本知识 2. 熟悉设计软件的操作 3. 初步了解装帧封面设计的行业设计要求与规定 4. 逻辑思维清晰，做事认真、细致，表达能力强，具备良好的工作习惯，具备团队合作精神	60%		
	进退步评价（教师填写）	1. 完成任务有明显进步（15～20） 2. 完成任务有进步（10～15） 3. 完成任务一般（5～10） 4. 完成任务有退步（0～5）	20%		
	任务收获（学生填写）				

任务2　社科类书籍内页版式设计

一、任务规划

任务描述

通过对社科类书籍内页设计的学习，了解出版物的行业设计要求与规定。

任务活动

项目1　分析通知单
项目2　设计社科类书籍内页版式

学习建议

◆ 通过对出版物的分析和欣赏，结合理论学习，掌握书籍装帧设计的基本表现形式，熟悉书籍装帧设计的基本语言和方法
◆ 分组进行分析（4人一组）
◆ 课前可以多看一些社科类书籍装帧的相关资料

评价标准

◆ 初步了解和领会出版物设计的基本原则和设计要求
◆ 初步具备对社科类出版物进行编排的能力
◆ 初步具备社科类内页设计的能力
◆ 体现形式美的法则

任务实施（任务单）

学生姓名：　　　　班级：　　　　学号：　　　　组号：

单元任务	项目	项目内容	项目流程	项目时间	项目成果
社科类书籍内页版式设计	分析通知单	1. 了解任务目标及需求 2. 了解通知单的内容 3. 了解通知单对于设计的指导作用	1. 图片举例、作品赏析等 2. 通过通知单，了解其对于设计样稿的指导作用	1课时	讲解分析通知单
	设计社科类书籍内页版式	1. 了解任务目标及需求 2. 了解社科类书籍内页版式的设计要求	1. 欣赏作品 2. 根据通知单，讲解社科类书籍内页版式的设计要求	2课时	初步尝试社科类书籍内页版式的设计
	设备需求	1. 多媒体专业教室 2. 笔记本、钢笔、纸样等			

二、任务实施

项目1　分析通知单

1. 项目描述

进一步熟悉通知单，独立完成通知单的分析。

2. 工作环境

设备要求：实物投影仪，多媒体专业教室。

3. 项目实施

1）通知单分析

通知单的内容决定了书籍的设计风格和特点。设计封面时如此，设计内页时同样如此。通知单里规范好了内页中文字的大小、行数，以及每行的字数，甚至内页文字的字体。设计师要做的是在图文编排的基础上进行设计，要求封面与文字内页的设计风格保持统一。如图 1-35～图 1-37 所示。

图 1-35　作品欣赏 1

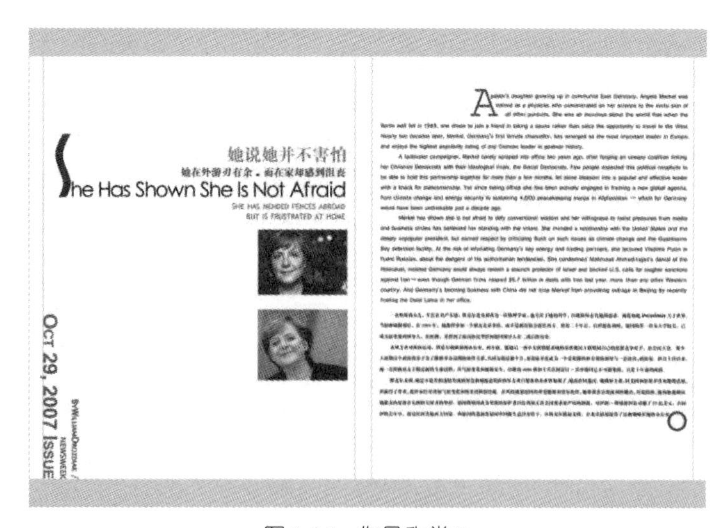

图 1-36　作品欣赏 2

图 1-37　作品欣赏 3

2）书籍各部分名称

(1) 环衬页设计。

环衬页是连接书芯和封皮的衬纸，可以使封面和内页连接得更紧密。如图 1-38 所示。

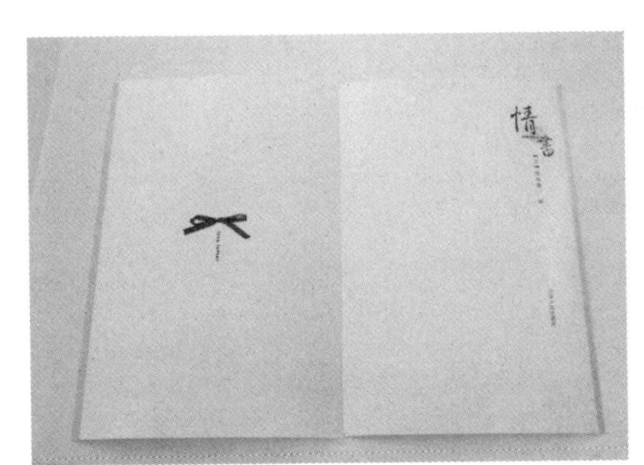

图 1-38　环衬页

环衬的表现形式是丰富多彩的，它既可以是特殊工艺的纸张，也可以用插图、插画，表现形式多种多样。但需要注意的是，其内容及表现形式一定要与书籍内容和整体的设计风格保持一致。

(2) 扉页。

扉页是书籍翻开后的第一页，主要印有书籍名称、作者名称、出版社名称等。如图 1-39 所示。

图 1-39　扉页

扉页除了标明书籍名称、作者及出版社外，也起着装饰作用。如图 1-40～图 1-42 所示。

图 1-40　扉页欣赏 1

图 1-41　扉页欣赏 2

图 1-42　扉页欣赏 3

（3）目录。目录是指书籍正文前所载的目次，是将书籍结构、内容按照一定的次序编排而成，起到指导阅读、检索图书的作用。

目录作为书籍内页的重要组成部分，在设计时同样应该予以重视，不仅要体现书籍设计的整体感，同时，目录的设计应该简洁、明快，便于读者检索，使其真正起到指导阅读的作用。如图 1-43～图 1-46 所示。

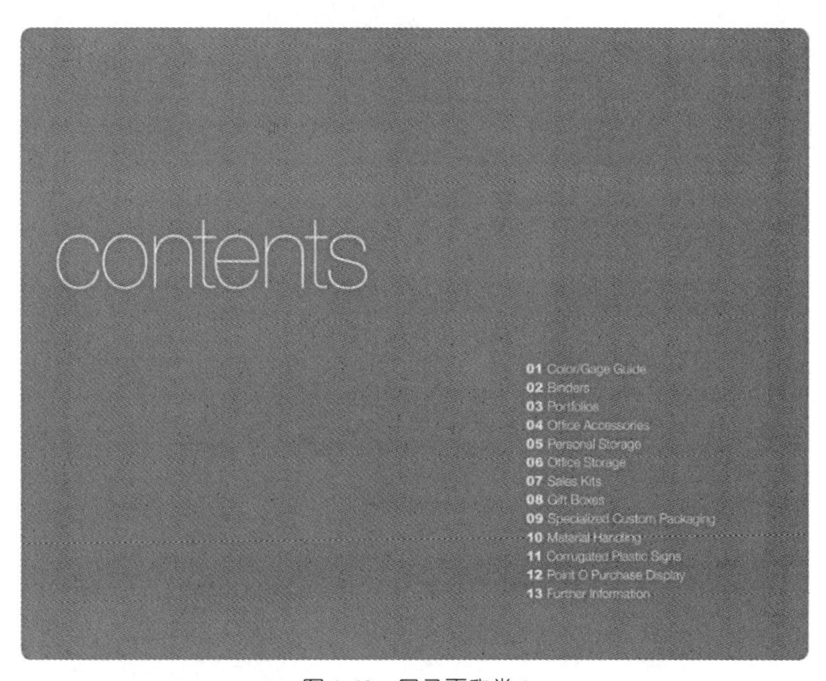

图 1-43　目录页欣赏 1

图 1-44　目录页欣赏 2

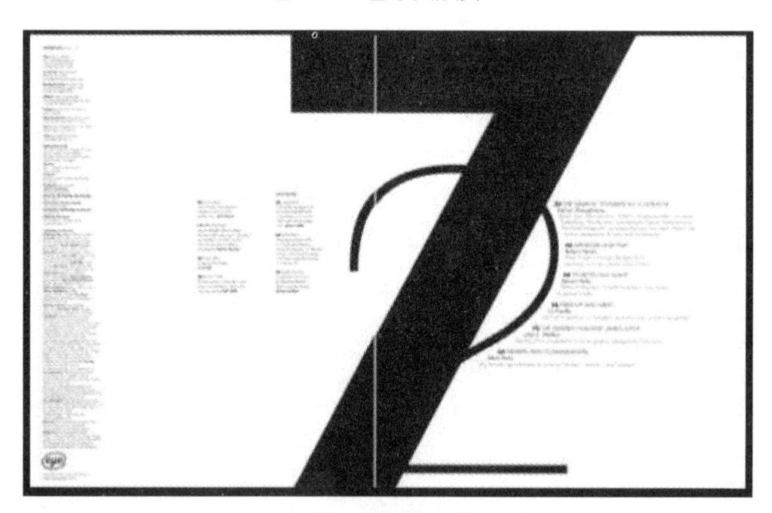

图 1-45　目录页欣赏 3

图 1-46　目录页欣赏 4

(4) 内页版式设计。

内页设计是书籍设计的核心部分，是对书籍内容本身的一种体现，同样应该体现设计的整体性。作为内页，它首先应该体现的是便于阅读的功能性，在方便阅读的基础上，设计师再根据内容进行匠心独运的设计。

内页设计应该充分地利用内页中特有的设计元素，即文字、图片、色彩、图案等，通过对其大小、疏密、节奏等设计语言的运用和组合，为读者设计出一个能够烘托氛围，突出内容，符合整体的文字阅读环境，起到吸引阅读的作用。如图 1-47～图 1-50 所示。

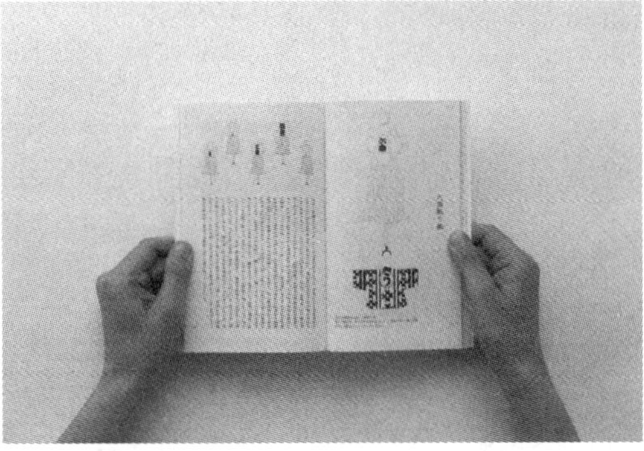

图 1-47　内页版式设计欣赏 1

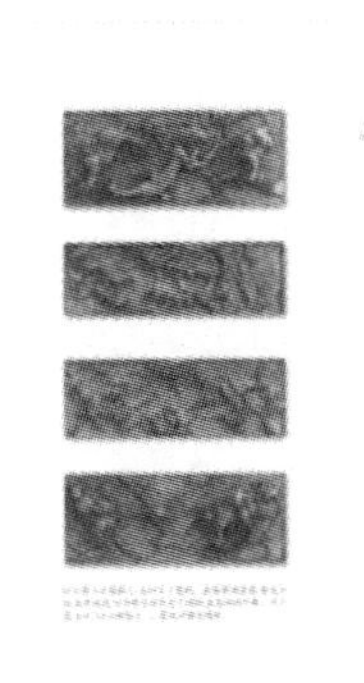

图 1-48　内页版式设计欣赏 2

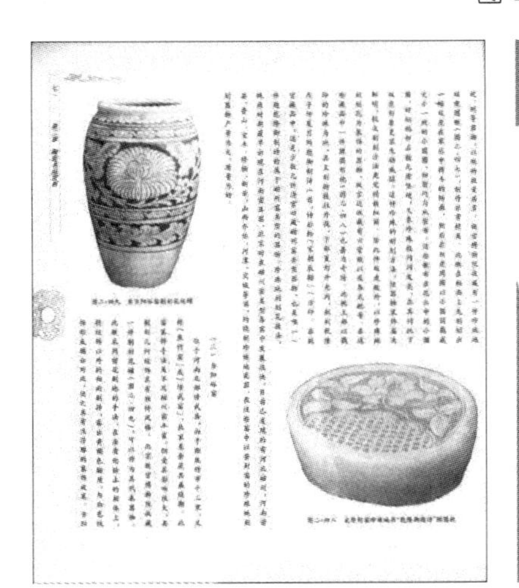
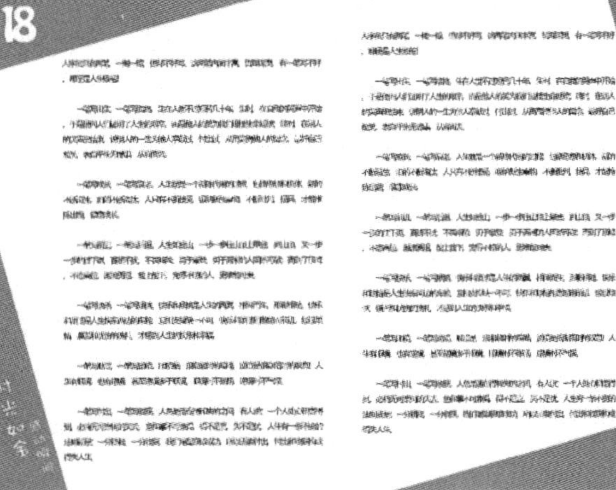

图 1-49　内页版式设计欣赏 3

图 1-50　内页版式设计欣赏 4

(5) 版权页设计。

版权页又称图书版本记录，是每一本书如何产生的真实记录，设计中一般有居于书籍前部和书籍后部之分。居于书籍前部的，一般设计在扉页后的双页码。

版权页的设计以文字为主，包括书籍的名称、编著者名、译者名、出版发行的出版社名称（包括地址、电话）、印刷的公司或工厂名、版次、开本、印张、书号、图书在版编目（CIP）数据和定价。版权页是书籍出版的法律依据，所以必须要易识别，字体要以能够辨准的印刷体呈现，字号不用很大，清晰即可。

版权页的版式。字体以仿宋体、细黑体为主。字号最大与内文相同。目前多增加了律师声明和版权登记号，以及网址和邮箱等信息，便于版权的保护和联络。如图 1-51 所示。

策　　划 周　鼎　　陈　雅
主　　编 任芸丽
执行主编 王继惠
编　　辑 汪　芸　　刘　蓓
责任编辑 许丽君　　庞　云　　代凯军
责任印制 乌　灵　　周丽英　　扈志国
手绘插图 陶勇利
市场总监 陈新华
装帧设计 孟　明
摄　　影 马　俨　　喻　彬　　老　虎　　秦　京

图书在版编目（CIP）数据

孕产妇营养与保健食谱 / 《贝太厨房》工作室编著.
--北京：中国大百科全书出版社，2010.9
(贝太厨房)
ISBN 978-7-5000-8430-3

Ⅰ. ①孕… Ⅱ. ①贝… Ⅲ. ①孕妇—妇幼保健—食谱 ②产妇—妇幼保健—食谱
Ⅳ. ①TS972.164

中国版本图书馆CIP数据核字(2010)第185243号

书　　名 孕产妇营养与保健食谱
出版发行 中国大百科全书出版社
地　　址 北京阜成门北大街17号
邮政编码 100037
电　　话 88390695
http: / / www.ecph.com.cn
印　　刷 北京联兴盛业印刷股份有限公司
经　　销 全国各地新华书店
开　　本 787mm × 1092mm　1/12
印　　张 20
版　　次 2010年11月第1版 2010年11月第1次印刷
印　　数 00001—25000
定　　价 49.80元

版权所有 翻版必究

向读者承诺
凡图书出现印装质量问题，请与印务部联系调换。联系电话：010--83531193

图 1-51　版权页范例

（6）版心设计。

书籍的版心大小是由书籍的开本决定的。每幅版式中文字和图形所占的总面积被称为版心。版心减小，版面中的文字数也会随之减少，反之亦然。版心的宽度与高度的具体尺寸，要根据正文中文字的具体字号与文字的行数与列数来决定。行与行之间的空白称为行间。

（7）字号选择。

字号是表示字体规格大小的术语，通常采用号数制、点数制和级数制来表示。

号数制是计算活版铅字规格的单位，有初号、1 号、2 号、3 号、4 号、5 号、6 号、7 号，等等。如图 1-52 所示。

5号　北京印刷
4号　北京印刷
3号　北京印刷
2号　北京印刷
初号　北京印刷

图 1-52　字号

点数制是国际通用的铅字计量单位，每点等于 0.35 mm。点，也称**"磅"**，通常写为**"P"**。在电脑排版系统中多用点数来计算字号大小。

字号的大小关系到阅读效果。大号字一般用于标题和重点部分，中号字适用于正文，常用的是五号字。小号字一般用于注释、说明等。而为了阅读的需要，一般老年读物和儿童启蒙读物用 4 号字或 3 号字。

字号排版示范如图 1-53 和图 1-54 所示。

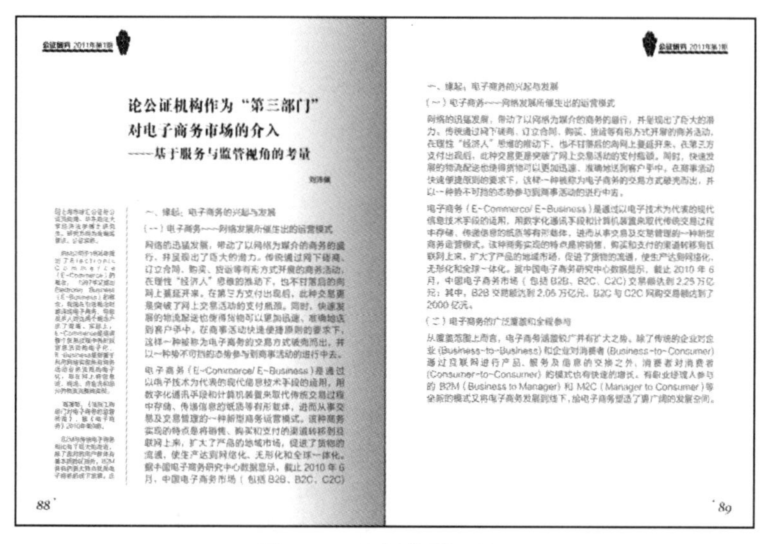
论公证机构作为"第三部门"
对电子商务市场的介入
——基于服务与监管视角的考量

一、缘起：电子商务的兴起与发展

（一）电子商务——网络发展所催生出的运营模式

88　89

图 1-53　字号排版示范 1

风走河床
一等奖　巴州党委宣传部　秦　议

图 1-54　字号排版示范 2

书籍设计的前提是满足读者阅读的需要，即便于阅读。阅读是一本书本身的功能所在，无论追求多高的艺术性、观赏性，首先都应该满足书籍本身的功能需求（概念书除外）。很多初学者片面地追求书籍设计的美观性，将版式排列得很有个性，但严重影响了书籍本身的阅读性，这样本末倒置的设计是很难满足读者的阅读需求的。版式设计欣赏如图 1-55～图 1-57 所示。

Antony
Gormley

图 1-55　版式设计欣赏 1

12
13

图 1-56　版式设计欣赏 2

图 1-57　版式设计欣赏 3

（8）页眉页脚和页码设计。

页眉页脚和页码是在版心上方、下方起装饰作用的图文；页码可根据放大需要放于页眉或页脚，或是切口位置。在书籍版式中，页眉页脚及页码是细节，能使整个页面达到精致和完美的视觉感受，成为版式设计中的一大亮点。

页眉页脚具有统一性，在书籍版式中，页眉页脚可以使页面之间更连贯，形成流畅的阅读节奏。如图 1-58～图 1-60 所示。

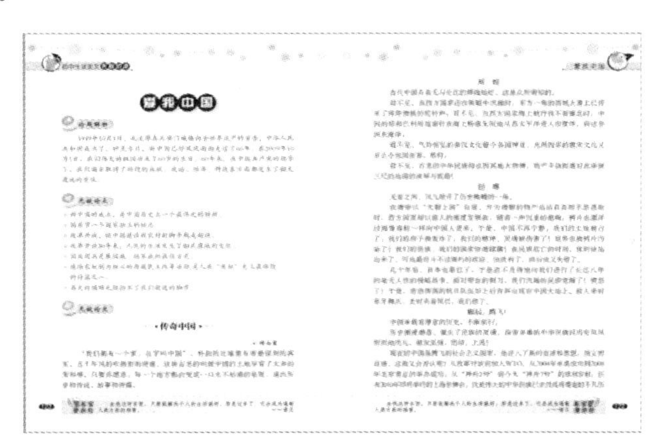

图 1-58　页眉页脚和页码设计欣赏 1

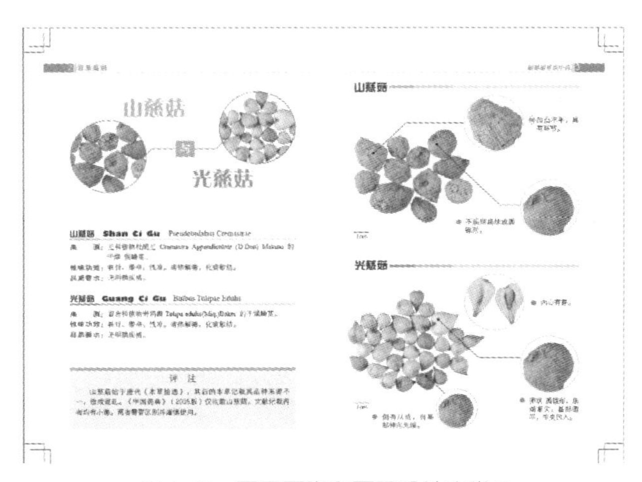

图 1-59　页眉页脚和页码设计欣赏 2

图 1-60　页眉页脚和页码设计欣赏 3

项目 2　设计社科类书籍内页版式

1. 项目描述

运用之前所学的知识，设计社科类书籍内页版式。

2. 工作环境

设备要求：实物投影仪、多媒体专业教室。

3. 项目实施

1）赏析（如图 1-61 和图 1-62 所示）

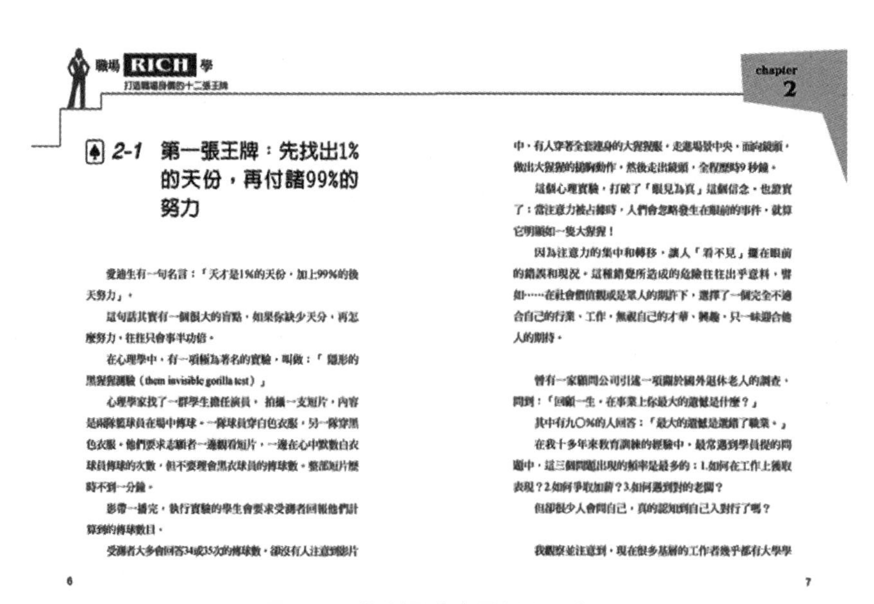

图 1-61　社科图书内页版式欣赏 1

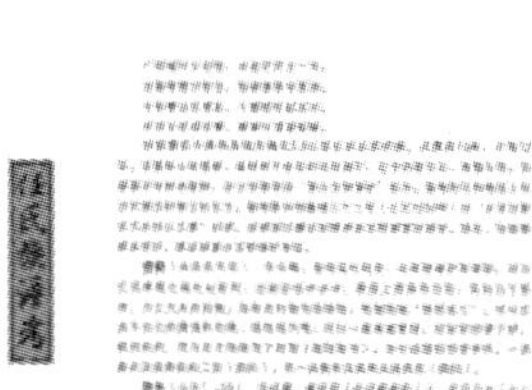

图 1-62　社科图书内页版式欣赏 2

2）初步尝试进行社科类内页版式设计

步骤 1：根据通知单要求，新建文档，确定设定文本大小。

步骤 2：设定版心大小（如图 1-63 所示）。

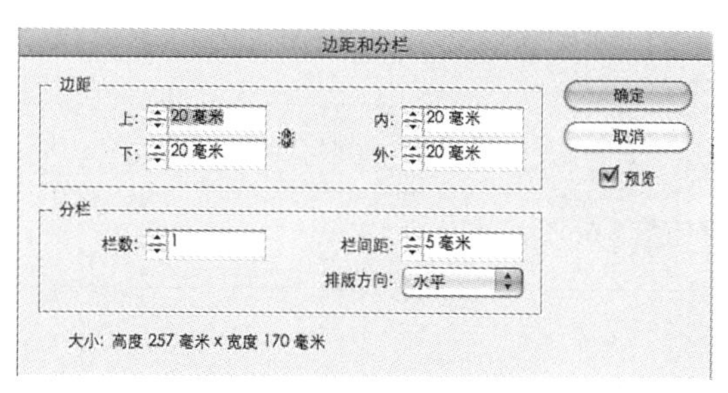

图 1-63　设定版心大小

步骤 3：设计页眉页脚（如图 1-64 所示）。

图 1-64　设计页眉页脚

步骤 4：进行版式设计（如图 1-65 所示）。

图 1-65　版式设计

步骤 5：进行版式调整（如图 1-66 所示）。

图 1-66　版式调整

步骤 6：整理连接，存档。

这一步骤的作用是为了在完成前将所有连接进行相应的检查，之后进行保存，导出文件，备查。

3）实际操作

请以《大学堂·中国近代史：1600—2000 中国的奋斗》为题目，完成它的内页版式设计。

4）社科类书籍装帧内文设计欣赏（如图 1-67～图 1-71 所示）

旅游城市

朝圣，在去西藏的路上

自驾车去西藏 应注意的事项

图 1-67　欣赏 1

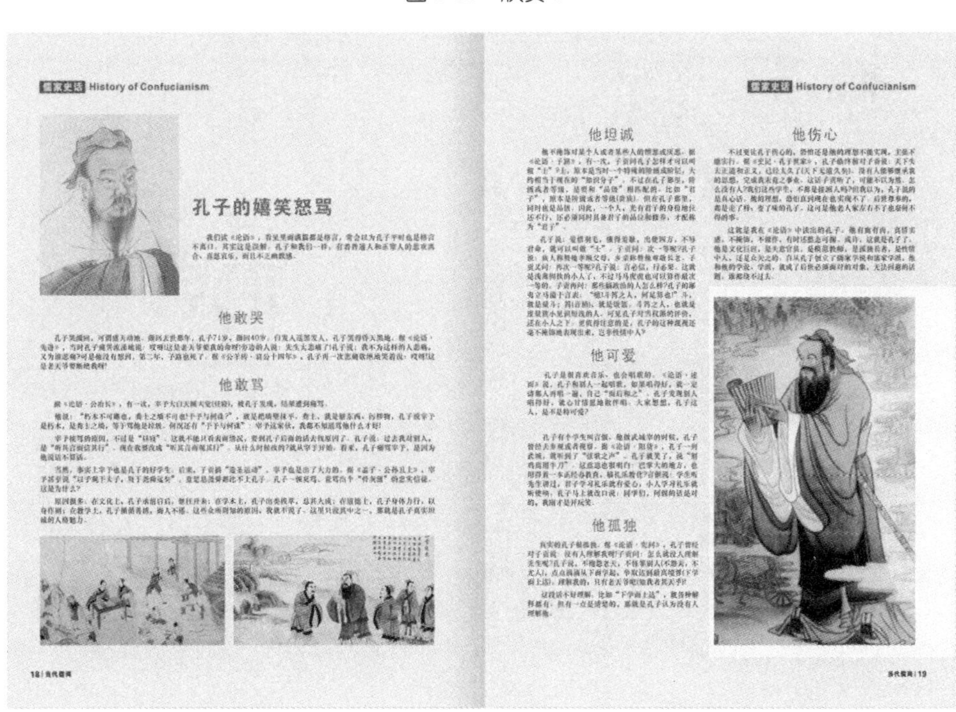

儒家史话 History of Confucianism

孔子的嬉笑怒骂

他敢哭

他敢骂

他坦诚

他伤心

他可爱

他孤独

图 1-68　欣赏 2

影响历史的百部经典之一

第一章

他是个独自在湾流中一条小船上钓鱼的老人，至今已去了八十四天，一条鱼也没逮住。头四十天里，有个男孩子跟他在一起。可是，过了四十天还没捉到一条鱼，孩子的父母对他说，老人如今准是十足地"倒了血霉"，这就是说，倒霉到了极点，于是孩子听从了他们的吩咐，上了另外一条船，头一个礼拜就捕到了三条好鱼。孩子看见老人每天回来时船总是空的，感到很难受，他总是走下岸去，帮老人拿卷起的钓索，或者鱼钩和鱼叉，还有绕在桅杆上的帆。帆上用面粉袋片打了些补丁，收拢后看来象是一面标志着永远失败的旗子。　　老人消瘦而憔悴，脖颈上有些很深的皱纹。腮帮上有些褐斑，那是太阳在热带海面上反射的光线所引起的良性皮肤癌变。褐斑从他脸的两侧一直蔓延下去，他的双手常用绳索拉大鱼，留下了刻得很深的伤疤。但是这些伤疤中没有一块是新的。它们象

1

第一章　他是个独自在湾流

老人与海

海水一般蓝，是愉快而不肯认输的。①指墨西哥湾暖流，向东穿过美国佛罗里达州南端和古巴之间的佛罗里达海峡，沿着北美东海岸向东北流动。这股暖流温度比两旁的海水高至度，最宽处达英里，呈深蓝色，非常壮观，为鱼类群集的地方。本书主人公为古巴首都哈瓦那附近小海港的渔夫，经常驶进湾流捕鱼，　"圣地亚哥，"他们俩从小船停泊的地方爬上岸时，孩子对他说。"我又能陪你出海了。我家挣到了一点儿钱。"　老人教会了这孩子捕鱼，孩子爱他。　　"不，"老人说。"你遇上了一条交好运的船。跟他们待下去吧。"　　"不过你该记得，你有一回八十七天钓不到一条鱼，跟着有三个礼拜，我们每天都逮住了大鱼。"　　"我记得，"老人说。"我知道你不是因为没把握才离开我的。"　　"是爸爸叫我走的。我是孩子，不能不听从他。"　　"我明白，"老人说。"这是理该如此的。"　　"他没多大的信心。"　　"是啊，"老人说。"可是我们有。可不是吗？"　　"对，"孩子说。"我请你到露台饭店去喝杯啤酒，然后一起把打鱼的家什带回去。"　　"那敢情好，"老人说。"都是打鱼人嘛。"　　他们坐在饭店的露台上，不少渔夫拿老人开玩笑，老人并不生气。另外一些上了些年纪的渔夫望着他，感到难受。不过他们并不流露出来，只是斯文地谈起海流，谈起他们把钓索送到海面下有多深，天气一贯多么好，谈起他们的见闻。当天打鱼得手的渔夫都已回来，把大马林鱼剖开，整片儿排在两块木板上，每块木板的一端由两个人抬着，摇摇晃晃地送到收鱼站，在那里等冷藏车来把它们运往哈瓦那的市场。逮到鲨鱼的人们已把它们送到海湾另一边的鲨鱼加工厂去，吊在复合滑车上，除去肝脏，割掉鱼鳍，剥去外皮，把鱼肉切成一条条，以备腌制。
刮东风的时候，鲨鱼加工厂隔着海湾送来一股气味；但今天只

2

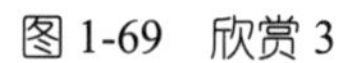

图 1-69　欣赏 3

图 1-70　欣赏 4

夏季旅游，
四大保守是关键
Summer tourism
Four conservative is the key
夏季旅游
巧饮食
Summer tourism
clever diet

图 1-71　欣赏 5

三、任务验收

学生姓名： 班级： 学号： 组号：

	人员	评价标准	所占分数比例	各项分数	总分
任务 2	小组互评 （组长填写）	1. 学习态度认真（2） 2. 初步掌握分析通知单的能力（3） 3. 具有表达能力和理解能力（2） 4. 具备良好的工作习惯（3）	10%		
	自我评价 （学生填写）	1. 初步了解装帧内页设计的行业设计要求与规定（2） 2. 进一步熟悉通知单的对于设计的要求（4） 3. 具有想象力和创新能力（4）	10%		
	教师评价 （教师填写）	完成任务并符合评价标准（60） 1. 了解书籍装帧设计的基本知识 2. 熟悉设计软件的操作 3. 初步了解装帧内页设计的行业设计要求与规定 4. 逻辑思维清晰，做事认真、细致，表达能力强，具备良好的工作习惯，具备团队合作能力	60%		
	进退步评价 （教师填写）	1. 完成任务有明显进步（15～20） 2. 完成任务有进步（10～15） 3. 完成任务一般（5～10） 4. 完成任务有退步（0～5）	20%		
	任务收获 （学生填写）				

学习单元二

设计科技类书籍

任务 1　科技类书籍封面设计

项目 1　分析通知单和素材收集

项目 2　认识书籍结构和书籍字体设计

项目 3　设计科技类书籍封面

任务 2　科技类书籍内页版式设计

项目 1　分析通知单

项目 2　设计科技类书籍内页版式

总体概述

科技类书籍是书籍装帧中的一种，有着其独特的设计风格和设计要求。在本学习单元中我们将学习科技类书籍的设计方法，同时穿插书籍设计的书籍结构和书籍字体等设计知识，为今后进一步深造和创作奠定必备的设计基本功和良好的艺术感受。

学习内容

- 科技类书籍封面设计
- 科技类书籍内页版式设计

评价标准

- 初步了解书籍的结构和书籍字体选择的方法
- 初步了解封面设计的原则和方法
- 具备运用计算机等设计工具进行绘制的能力
- 初步具备对出版物内页进行编排的能力
- 具备善于收集和积累与视觉设计与创作相关资料的能力
- 具有想象能力和创新能力

教学工具

- 教具：图库、纸样、扫描仪、计算机、设计软件、复印机等

任务 1　科技类书籍封面设计

一、任务规划

任务描述

通过科技类书籍封面和内页的设计，初步了解出版物的行业设计要求与规定。

任务活动

项目 1　分析通知单和素材收集
项目 2　认识书籍结构和装帧流程

学习建议

◆ 通过对出版物的分析和欣赏，结合理论学习，掌握书籍装帧设计的基本结构，熟悉书籍装帧中设计的基本语言和方法

◆ 分组进行分析（4 人一组）

◆ 课前可以多看一些科技类书籍装帧的相关资料

评价标准

◆ 初步了解书籍的结构和书籍字体选择的方法
◆ 初步了解封面设计的原则和方法
◆ 具备运用计算机等设计工具进行绘制的能力
◆ 初步具备对出版物内页进行编排的能力
◆ 具备善于收集和积累与视觉设计与创作相关资料的能力
◆ 具有想象力和创新能力

任务实施（任务单）

学生姓名：　　　　班级：　　　　学号：　　　　组号：

<table>
<tr><th>单元任务</th><th>项目</th><th>项目内容</th><th>项目流程</th><th>项目时间</th><th>项目成果</th></tr>
<tr><td rowspan="9">科技类书籍封面设计</td><td rowspan="3">分析通知单和素材收集</td><td>进一步了解通知单的内容</td><td>进一步分析通知单，了解其对于设计样稿的要求、展示与讲解</td><td rowspan="2">1 课时</td><td rowspan="2">尝试进行素材收集</td></tr>
<tr><td>初步尝试进行素材收集</td><td>素材收集</td></tr>
<tr><td>设备需求</td><td colspan="3">1. 多媒体专业教室
2. 笔记本、钢笔，纸样等</td></tr>
<tr><td rowspan="3">认识书籍结构和书籍字体设计</td><td>1. 了解任务目标及需求
2. 了解书籍结构</td><td>学习书籍的结构</td><td rowspan="2">2 课时</td><td rowspan="2">尝试对书籍标题进行字体选择</td></tr>
<tr><td>了解书籍字体设计</td><td>展示不同书籍，分析字体运用，尝试对书籍标题进行字体选择</td></tr>
<tr><td>设备需求</td><td colspan="3">1. 多媒体专业教室
2. 笔记本、钢笔，纸样等</td></tr>
<tr><td rowspan="3">设计科技类书籍封面</td><td>了解科技类书籍封面的设计要求</td><td>展示不同科技类书籍封面的设计</td><td rowspan="2">4 课时</td><td rowspan="2">尝试完成科技类书籍封面的设计</td></tr>
<tr><td>了解科技类书籍封面的设计特点</td><td>尝试完成科技类书籍封面的设计</td></tr>
<tr><td>设备需求</td><td colspan="3">1. 多媒体专业教室和相关设计软件
2. 笔记本、钢笔等</td></tr>
</table>

二、任务实施

项目1 分析通知单和素材收集

1. 项目描述

通过分析通知单，逐步熟悉通知单的内容，同时逐步掌握书籍装帧素材选择的注意事项。

2. 工作环境

设备要求：实物投影仪、多媒体专业教室。

3. 项目实施

1）赏析（如图 2-1～图 2-3 所示）

图 2-1　赏析 1

图 2-2　赏析 2

图 2-3　赏析 3

2）总结

根据以上图例，我们不难发现科技类书籍的设计特点。尝试将其进行归纳总结。

科技类书籍的特点如下。

(1) 科学性强。真实客观地反映主题内容，具有较强的科学性、严谨性。

(2) 可读性强。架构清晰，逻辑性强，情节缜密。

(3) 普及面广。内容丰富、科学、实用，能为大多数读者所接受。

3）知识讲解

科技类书籍是指传播科学知识、科学方法、科学思想和科学精神等科学普及类读物。自然科学除了人们熟知的数学、物理和化学之外，还包括地理、天文、医学、动物、植物等综合性学科和许多边缘学科。如图 2-4 所示。

图 2-4　科技书籍封面（一）

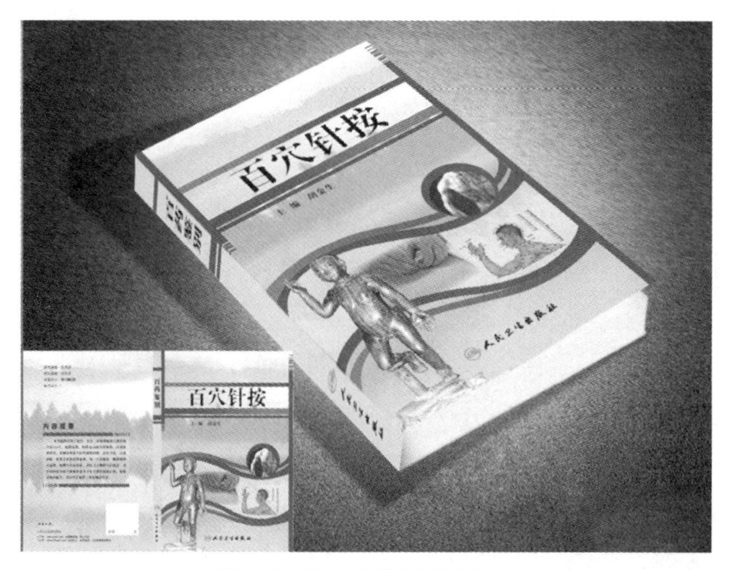

图 2-4　科技书籍封面（二）

进行科技类书籍设计时的注意事项如下。

科技类书籍相对于文学类、艺术类等其他类型的书籍，更具有理性的一面，这是由其图书内容决定的。如上所述，一本书籍的设计风格要符合这本书籍的内容和载体，科技类书籍的内容和性质就决定了他的设计形式侧重于理性和简约的风格。

从文字标题设计的角度来看，在文字的字体选择上，科技类书籍更偏向于 **“黑体”**，黑体字给人的感觉是笔直、理性，没有任何修饰的。如图 2-5 所示。

图 2-5　科技书籍封面

从使用图片角度来看，因为科技类书籍的题材和内容更具科普性，绝大多数的内容是介绍科技类知识的，因此，其图片的选择应该少装饰，多具有科技类的动感和时代感。如图 2-6 所示。

图 2-6　科技书籍封面

从颜色搭配的角度来看，过多的颜色是不符合体现科技类书籍的特点的。一般情况下，科技类图书的封面设计在颜色的选择上，更侧重于单一的颜色。如图 2-7 所示。

图 2-7　科技书籍封面

选择图片的注意事项

1. 首先，图片的选择要考虑是否存在版权问题（特别是对于人物肖像的使用）。

2. 其次，图片的使用还应该考虑到后期处理中分辨率大小的问题。分辨率太低的图片会影响到后期的印刷效果，从而导致书籍装帧效果大打折扣。

3. 最后，图片存储的格式，应该尽可能选择“tif”或者“PSD”格式的文件。

项目 2　认识书籍结构和书籍字体设计

1. 项目描述

通过图例，初步了解书籍结构和字体在书籍装帧中的选择和应用。

2. 工作环境

设备要求：实物投影仪、多媒体专业教室。

3. 项目实施

1）书籍装帧作品展示（如图 2-8～图 2-11 所示）

图 2-8　装帧作品展示 1

图 2-9　装帧作品展示 2

图 2-10　装帧作品展示 3

图 2-11　装帧作品展示 4

2）书籍装帧结构（如图 2-12 所示）

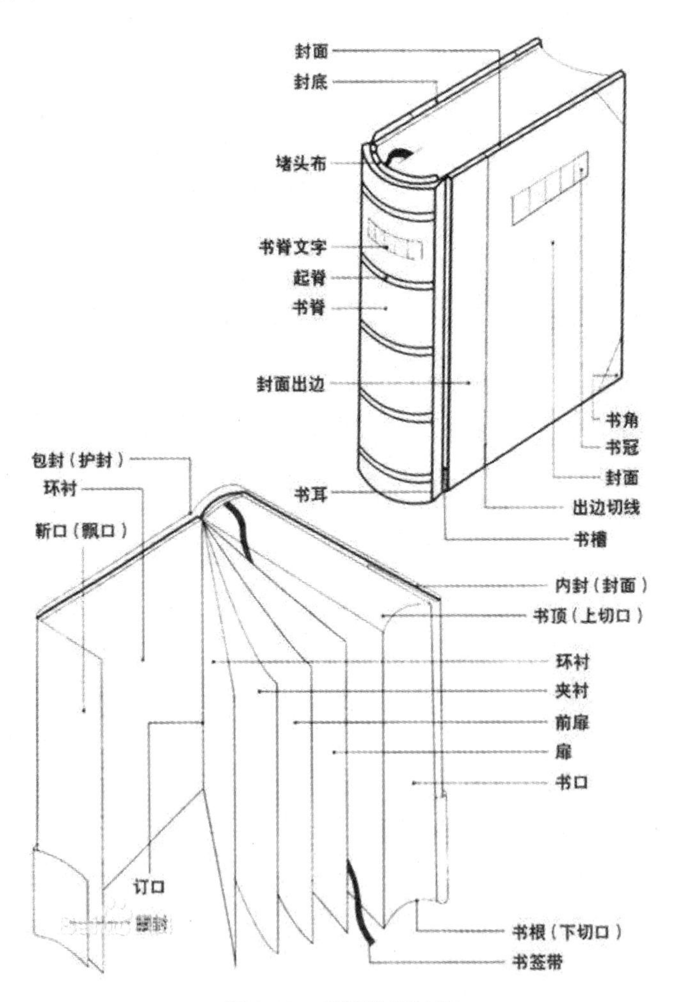

图 2-12　书籍装帧结构

以下简单介绍书籍结构中的其他部分的结构名称和作用。

(1) 护封。护封就是书籍封面外的包封纸，印有书名、作者、出版社名和装饰图画。作用有两个：一是保护书籍不易被损坏；二是可以起到装饰书籍的作用。如图 2-13 所示。

图 2-13　护封示范

(2) 勒口。一般以精装书为主，现在平装书中也常出现以封面、封底折进一段增加书的美感。设定勒口尺寸时，以封面封底宽度的 1/3～1/2 为宜，如封面封底有底图，需要勒口的图文和封面封底图文连在一起，这样到装订时，如出现尺寸变化，勒口也可随之而变。如图 2-14 所示。

图 2-14　勒口示范

3）书籍字体设计

(1) 书籍装帧中的字体设计欣赏（如图 2-15 所示)。

图 2-15　字体设计欣赏（一）

图 2-15　字体设计欣赏（二）

文字作为书籍内容的元素，除了具有阅读的功能外，在现代书籍装帧设计中越来越多地作为设计师进行表现书籍内容、烘托设计气氛、表现设计形式的工具。

众所周知，文字的样式是随着时代的变化而不断发展的，从最初的宋体雕版字，到之后的黑体新闻字，再到后来的艺术字。随着计算机技术和互联网的快速发展，文字的字体呈现出多种多样的表现形式，每种文字都具有其鲜明的个性和特点。设计师应该充分地把这些特性运用到书籍的设计中去。

(2）字体讲解。

宋体字

宋体字的定义是：“横平竖直，横细竖粗，起落笔有棱有角，字形方正，笔画硬挺。”起落笔的棱角，应是宋体字最大的特征。如图 2-16 所示。

图 2-16　宋体字

宋体，是在中国宋代时发明的一种汉字印刷字体。笔画有粗细变化，而且一般是横细竖粗，末端有装饰部分（即“字脚”或“衬线”），点、撇、捺、钩等笔画有尖端，常用于书籍、杂志、报纸印刷的正文排版。因从明朝传入日本，故又称为明体、明朝体。

从宋体字的概念中，我们不难发现，宋体字由于其历史性和文化性，人们越来越多地将其应用到文化类的封面文字的设计中去。

宋体字是基本字体，我们在应用时，经常使用到的是它的变形字体。例如：粗宋字体、书宋字体、标宋字体等。

黑体字

由于黑体字笔画整齐划一，所以它只能是一种装饰字体，而不是书法。黑体字在字架上吸收了宋体字结构严谨的优点，在笔画的形状上把横画加粗且把宋体字的耸肩角削平为等线状，形成横竖笔画粗细一致，变宋体字的尖头细尾和头尾粗细不一的笔画为方形笔画。黑体字的特点是：主要笔画粗壮，带有纤细笔触，字形紧凑，不用弧线，是打印时经常用的字体之一，一般用于印刷、书面报告等比较正式的场合，多用于标题或标识重点。如图 2-17 所示。

图 2-17　黑体字

相对于宋体字而言，黑体字的横竖笔画的粗细要相对一致，“人工设计”的效果也更强，常被运用于标题。标题如果选用黑体来处理，会比宋体更容易给人带来较为强烈的感受，因此黑体字的直观效果相对于宋体等手写体来说要更强烈一些。

黑体给人的感觉是硬邦邦的，严谨的、理性的。因此，黑体字经常被应用到科学研究类的书籍封面的字体部分，使得可以充分地体现科学的严谨性。

圆体字

一种由黑体演变而来的字体。其特点是拐角处、笔画末端为圆弧状。字体清晰、端正、严肃，适用于图书封面、招牌、广告、网站标题的制作。变体为幼圆体、琥珀体等。

圆体给人的感觉是软软的，绵绵的，可爱的，因此，这种字体经常被运用到儿童类书籍的设计封面设计中。如图 2-18 所示。

特殊字体

在书籍封面设计中，特殊字体最常见的有两种：一种是经过变形的设计字体；一种是书法字体。同之前的字体一样，无论宋体、黑体、圆体还是特殊字体的使用，都是为了满足书籍内容特点的需要，在封面设计中能够起到烘托氛围的作用。如图 2-19～图 2-21 所示。

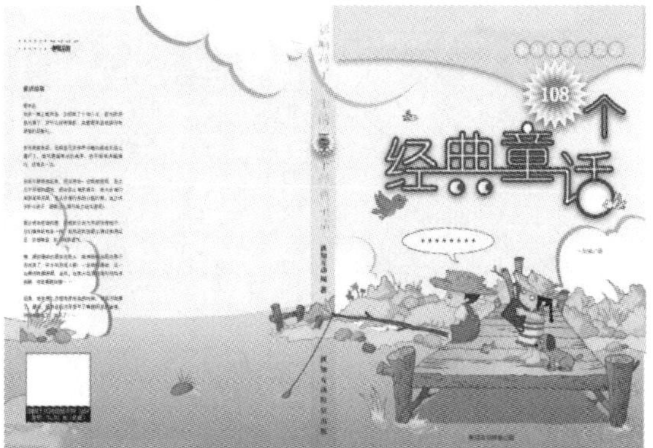

图 2-18　圆体字

图 2-19　特殊字体 1

图 2-20　特殊字体 2

图 2-21　特殊字体 3

变形字体

变形字体是根据书籍内容的需要，将字库中的文字字体进行相应的变形，从而适应书籍内容的需要，使文字和书籍融为一体。如图 2-22 所示。

图 2-22　变形字体

书法字体

书法字体是特殊字体的一种表现形式。众所周知，中国的书法是中国传统文化的一个代表，因此，在书籍装帧中，设计传统文化的书籍封面经常用到书法字体。例如，中医药类、历史类、美术国画类等。如图 2-23 所示。

图 2-23　书法字体

(3) 版式与字体的编排关系。

文字字体的使用首先要满足书籍内容需要，符合书籍内容的题材和性质特点，充分起到烘托氛围的作用。可以通过大小、方向、疏密等规律组成有效的编排关系，从而形成一种文字所特有的秩序感。这种秩序感有助于读者的阅读。相反如果文字的字体使用不符合书籍内容的要求便无法体现书籍的内容特点，而在秩序上又不能使字体与版式排列形成秩序，这样便不能起到帮助读者阅读的作用。

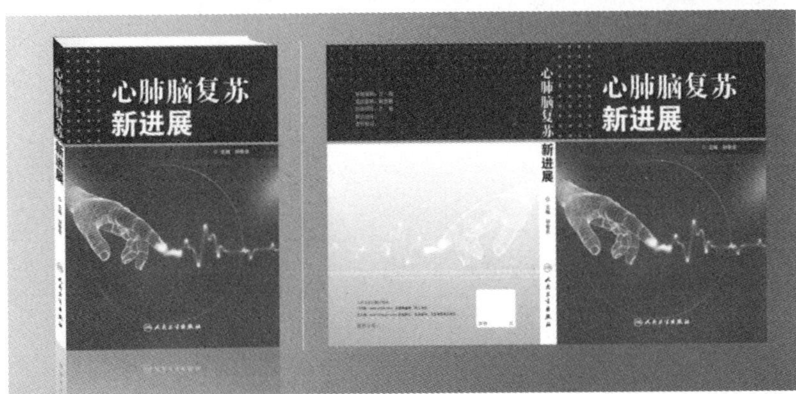

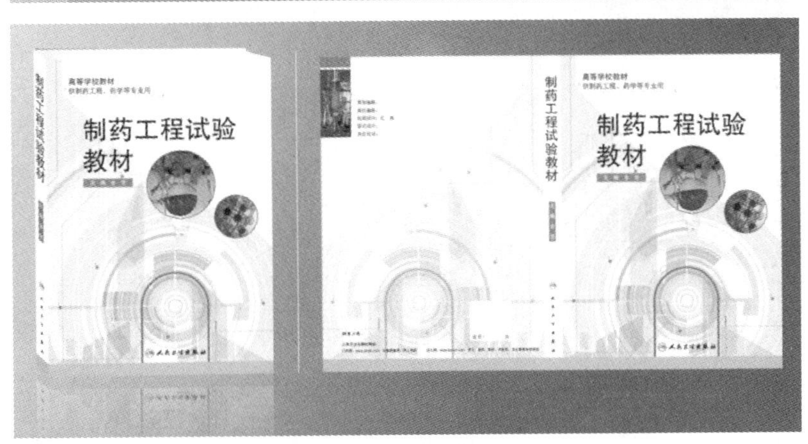

图 2-24　文字编排范例

通过对字的大小的调整、变换字体的形式，使字与字之间进行组合。

封面版式关键：文字编排样式要有变化，尽可能地达到点、线、面结合的效果。如图 2-25 所示。

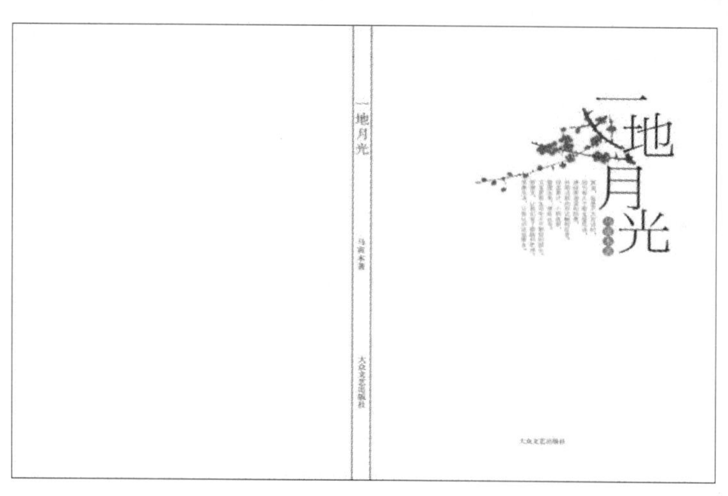

图 2-25　设计效果

4）请大家根据题目，以小组为单位任选一个题目，进行一个书籍装帧封面的版式设计（注意选择文字的字体和版式编排）

题目一：《唐诗三百首——儿童篇》

题目二：《中国国防与海军力量》

题目三：《诗歌与青春》

题目四：《你幸福了吗》

题目五：《中医——大国手》

项目 3　设计科技类书籍封面

1. 项目描述

根据所学知识，设计一张科技类书籍封面作品。

2. 工作环境

设备要求：实物投影仪、多媒体专业教室。

3. 项目实施

1）科技类书籍装帧作品展示（如图 2-26 和图 2-27 所示）

图 2-26　科技类书籍装帧作品展示 1

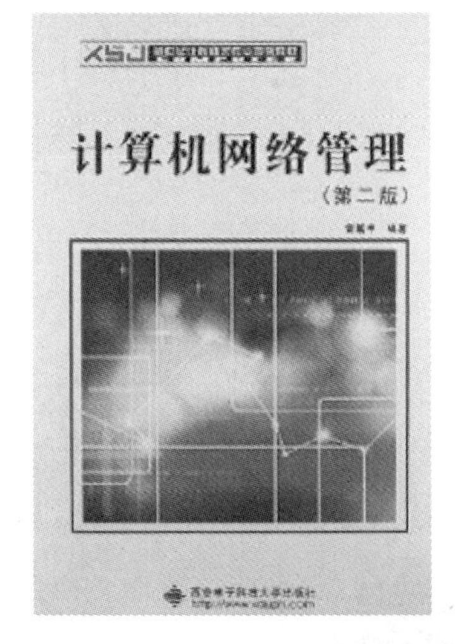

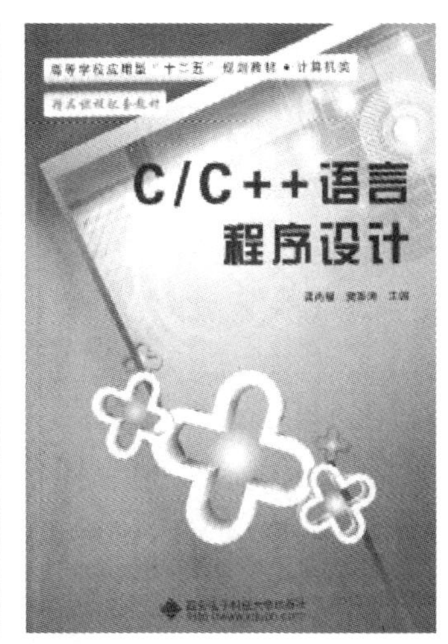

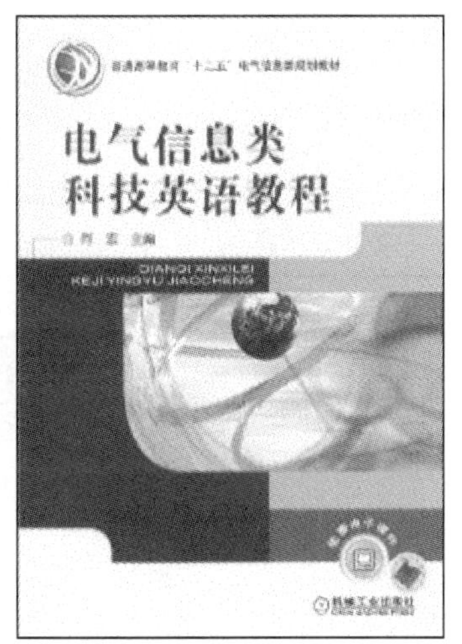

图 2-27　科技类书籍装帧作品展示 2

2）根据上述图例，尝试分析归纳总结科技类书籍封面的设计特点

3）设计一张科技类书籍装帧封面

题目：电子与通信教材系列《信号与系统》，写出设计说明。

步骤 1：根据通知单的分析，设定封面、书脊和封底的大小。

步骤 2：根据通知单的分析，设定封面文字的字体。

步骤 3：选择相应图片作为底图。

步骤 4：将封面文字部分进行相应的版式调整。

步骤 5：将书脊文字部分进行相应的版式设计。

步骤 6：封底进行相应的版式设计。

步骤 7：将画面进行整体设计调整。

4）科技类书籍装帧封面设计欣赏（如图 2-28 所示）

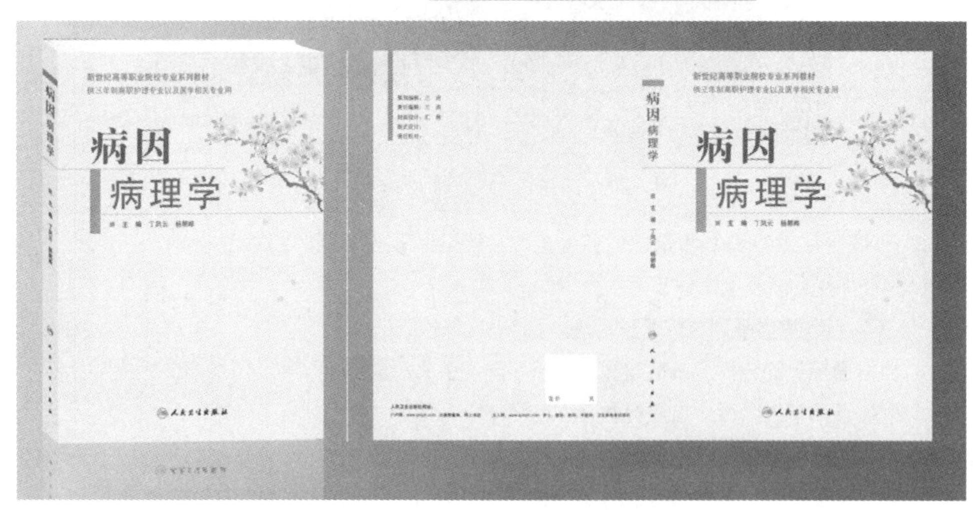

图 2-28　科技类书籍装帧封面设计欣赏

三、任务验收

学生姓名： 班级： 学号： 组号：

	人员	评价标准	所占分数比例	各项分数	总分
任务 1	小组互评（组长填写）	1. 学习态度认真（2） 2. 初步掌握分析通知单的能力（3） 3. 具有表达能力和理解能力（2） 4. 具备良好的工作习惯（3）	10%		
	自我评价（学生填写）	1. 初步了解装帧封面设计的行业设计要求与规定（2） 2. 初步了解装帧结构、书籍装帧的字体设计等专业知识，以及素材收集的方法和行业要求（4） 3. 具有想象力和创新能力（4）	10%		
	教师评价（教师填写）	完成任务并符合评价标准 1. 了解书籍装帧设计的基本知识 2. 熟悉设计软件的操作 3. 初步了解装帧封面设计的字体选择要求与规定 4. 逻辑思维清晰，做事认真、细致，表达能力强，具备良好的工作习惯，具备团队合作精神	60%		
	进退步评价（教师填写）	1. 完成任务有明显进步（15～20） 2. 完成任务有进步（10～15） 3. 完成任务一般（5～10） 4. 完成任务有退步（0～5）	20%		
	任务收获（学生填写）				

任务2　科技类书籍内页版式设计

一、任务规划

任务描述

1. 需求分析：了解任务目标、需求，以及基本工作流程。
2. 实训任务：完成科技类书籍内页设计的任务。

任务活动

项目1　分析通知单
项目2　设计科技类书籍内页版式

学习建议

◆ 通过对出版物的分析和欣赏，结合理论学习，掌握书籍装帧设计的基本表现形式，熟悉书籍装帧设计的基本语言和方法

◆ 分组进行分析（4人一组）

◆ 课前可以多看一些科技类书籍装帧的相关资料

评价标准

◆ 进一步了解和领会出版物设计的基本原则和设计要求

◆ 初步具备对科技类出版物进行编排的能力

◆ 初步具备科技类书籍内页设计的能力

◆ 体现形式美的法则

任务实施（任务单）

学生姓名：　　　　班级：　　　　学号：　　　　组号：

单元任务	项目	项目内容	项目流程	项目时间	项目成果
科技类书籍内页版式设计	分析通知单	1. 了解任务目标及需求 2. 了解通知单的内容	1. 图片举例、作品赏析等 2. 通过通知单进一步了解其对于设计样稿的指导作用	1 课时	讲解分析通知单
	设计科技类书籍内页版式	1. 了解任务目标及需求 2. 了解科技类书籍内页版式的设计要求	1. 欣赏作品 2. 根据通知单，讲解和制作科技类书籍内页版式的设计要求	1 课时	初步尝试科技类书籍内页版式的设计
		设备需求	1. 多媒体专业教室 2. 笔记本、钢笔、纸样等		

二、任务实施

项目1　分析通知单

1. 项目描述

进一步熟悉通知单，能够独立完成对通知单的分析。

2. 工作环境

设备要求：实物投影仪，多媒体专业教室

3. 项目实施

(1) 如前文所述，书籍的内容决定了书籍的装帧形式。因此，科技类书籍的内页设计风格比较偏向于理性，装饰风格较少，图文结合简单、明确。色彩的应用较之其他类书籍也偏向单一、明确。这是在进行科技类书籍内页设计时应该注意的地方。

(2) 请根据所给通知单，尝试制作科技类书籍的内页版式，并且结合通知单进行分析和讲解。

项目2　设计科技类书籍内页版式

1. 项目描述

运用之前所学的知识，设计科技类书籍内页版式。

2. 工作环境

设备要求：实物投影仪、多媒体专业教室

3. 项目实施

尝试进行科技类内页版式设计。

题目：电子与通信教材系列《信号与系统》

步骤1：根据通知单设定文档大小。如图2-29所示。

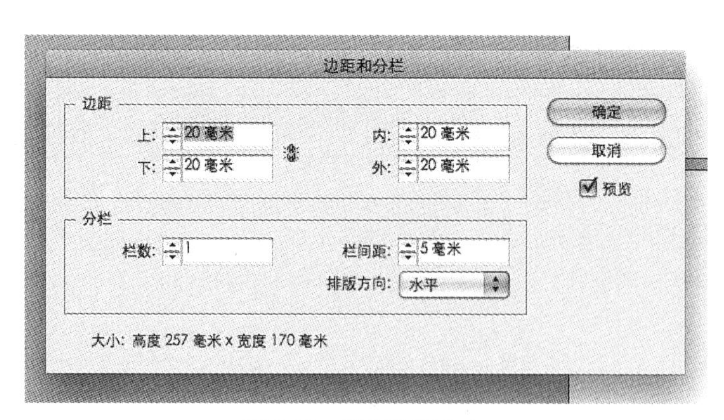

图2-29　设定文档大小

步骤2：设定版心大小。如图2-30所示。

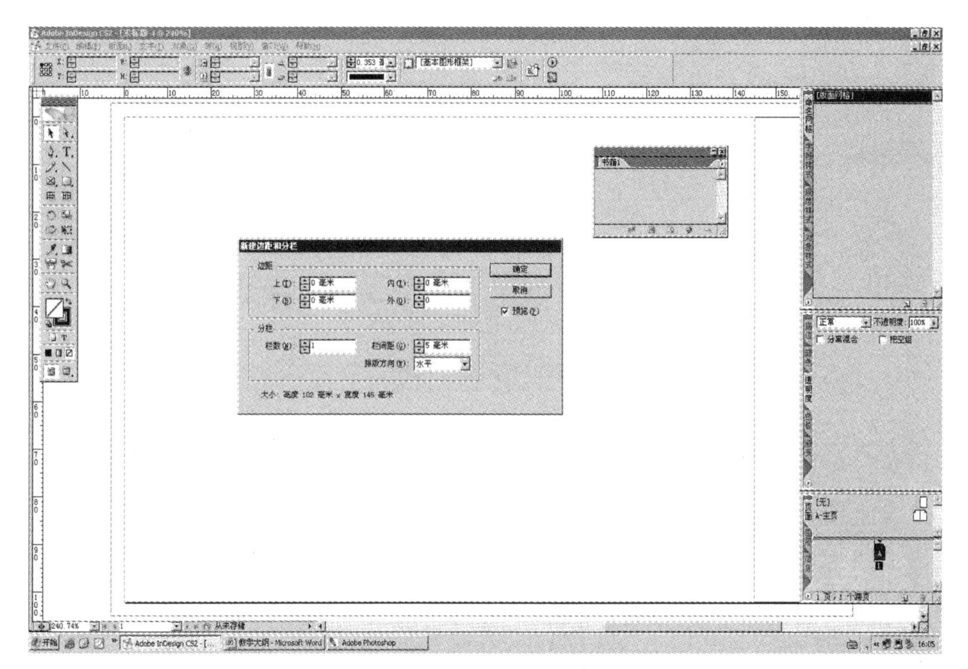

图 2-30　设定版心大小

步骤 3：设定页眉页脚。如图 2-31 所示。

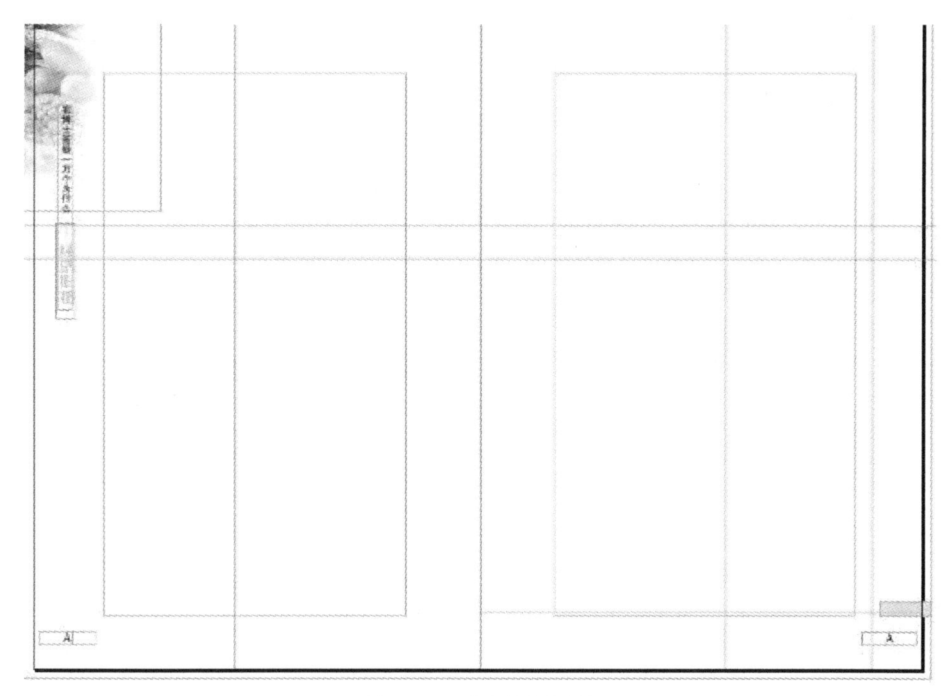

图 2-31　设定页眉页脚

步骤 4：进行相应的文字排版设计。

步骤 5：留档备查。

三、任务验收

学生姓名：　　　　班级：　　　　学号：　　　　组号：

	人员	评价标准	所占分数比例	各项分数	总分
任务 2	小组互评（组长填写）	1. 学习态度认真（2） 2. 初步掌握分析通知单的能力（3） 3. 具有表达能力和理解能力（2） 4. 具备良好的工作习惯（3）	10%		
	自我评价（学生填写）	1. 进一步了解装帧（科技类）内页设计的行业设计要求与规定（2） 2. 进一步熟悉通知单的对于设计的要求（4） 3. 具有想象力和创新能力（4）	10%		
	教师评价（教师填写）	完成任务并符合评价标准（60） 1. 了解科技类书籍装帧设计的基本知识 2. 熟悉设计软件的操作 3. 初步了解科技类书籍装帧内页设计的行业设计要求与规定 4. 逻辑思维清晰，做事认真、细致，表达能力强，具备良好的工作习惯，具备团队合作精神	60%		
	进退步评价（教师填写）	1. 完成任务有明显进步（15～20） 2. 完成任务有进步（10～15） 3. 完成任务一般（5～10） 4. 完成任务有退步（0～5）	20%		
	任务收获（学生填写）				

学习单元三
设计艺术类书籍

任务 1　艺术类书籍封面设计

项目 1　分析通知单和素材收集

项目 2　设计艺术类书籍封面

任务 2　艺术类书籍内页版式设计

项目 1　分析通知单

项目 2　设计艺术类书籍内页版式

总体概述

艺术类书籍是书籍装帧中的一种，有着其独特的设计风格和设计要求。在本学习单元中我们将学习艺术类书籍的设计方法，为今后进一步深造和创作奠定必备的设计基本功和良好的艺术审美情趣。

工作内容

- 进一步熟悉书籍装帧设计的基本要求，巩固之前所学的设计知识
- 完成艺术类书籍封面设计任务及内页版式设计

评价标准

- 初步了解和领会出版物设计的基本原则和设计要求
- 具备运用计算机等设计工具进行绘制的能力
- 具备善于收集和积累与视觉设计与创作相关资料的能力
- 具有想象力和创新能力

教学工具

- 计算机、设计软件、图库、纸样、扫描仪、复印机

任务1　艺术类书籍封面设计

一、任务规划

任务描述

通过艺术类书籍封面和内页的设计，初步了解出版物的行业设计要求与规定。

任务活动

项目1　分析通知单和素材收集
项目2　设计艺术类书籍封面

学习建议

◆ 通过对出版物的分析和欣赏，结合理论学习，掌握书籍装帧设计的基本表现形式，熟悉书籍装帧设计的基本语言和方法
◆ 分组进行分析（4人一组）
◆ 课前可以多看一些艺术类书籍装帧的相关资料

评价标准

◆ 初步了解和领会出版物设计的基本原则和设计要求
◆ 初步具备对艺术类出版物进行编排的能力
◆ 初步具备艺术类封面设计的能力
◆ 体现形式美的法则

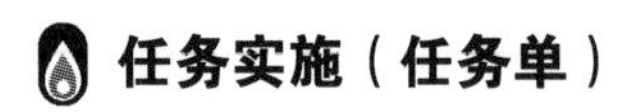

任务实施（任务单）

学生姓名：　　　　班级：　　　　学号：　　　　组号：

单元任务	活动	活动内容	活动流程	活动时间	活动成果
艺术类书籍封面设计	分析通知单和素材收集	了解任务目标及需求和内容	作品赏析和讲解	1 课时	讲解分析通知单
		进行素材收集	通过通知单进一步熟悉其对于设计样稿的指导作用。根据要求选择相应的素材		
		设备需求	1. 多媒体专业课教室 2. 笔记本、钢笔、纸样等		
	设计艺术类书籍封面	了解艺术类书籍封面的设计要求和特点	欣赏作品，总结艺术类书籍装帧的特点	3 课时	尝试艺术类封面的设计
		尝试进行艺术类书籍封面的设计	根据通知单，讲解和制作艺术类封面的设计要求		
		设备需求	1. 多媒体专业教室 2. 笔记本、钢笔、纸样等		

二、任务实施

项目 1　分析通知单和素材收集

1. 项目描述

进一步掌握书籍装帧的设计前的设计基本知识和注意事项，树立学习目标，明确学习任务。

2. 工作环境

设备要求：图库、纸样、扫描仪、计算机、设计软件、复印机。

3. 项目实施

赏析（如图 3-1 所示）。

图 3-1　赏析

收集不同种类的艺术类书籍封面，分析其封面的设计特点。

项目 2　设计艺术类书籍封面

1. 项目描述

根据之前所学知识，设计一张艺术类书籍封面作品。

2. 工作环境

设备要求：实物投影仪、多媒体专业课教室。

3. 项目实施

1）艺术类书籍装帧作品赏析（如图 3-2 所示）

2）基础知识

艺术类书籍是以研究和评论艺术作品，宣传和传播文化与艺术思想等为主题内容的书籍。艺术作品的体裁和内容十分宽泛，包括音乐、美术、喜剧、舞蹈、评论等。艺术类作品一般分为艺术类书籍和画册类书籍。

艺术类书籍装帧设计强调形式多种多样，独具匠心，以期达到至高的艺术境界。艺术类书籍的共性是富有想象力和具有较强的煽动性。

画册类书籍不同于一般意义上的书籍，这类书籍以图片为主要内容，适当穿插文字。

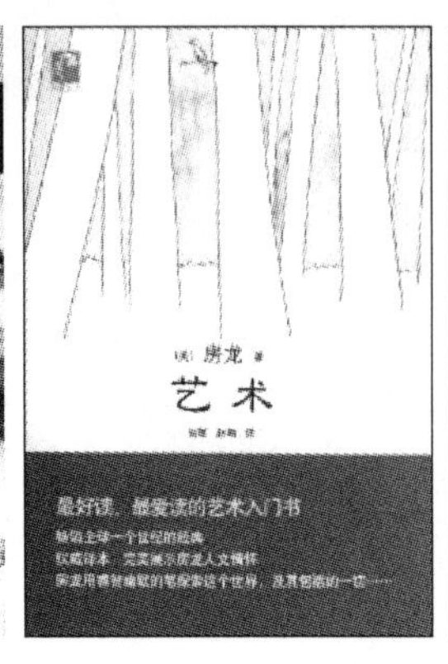

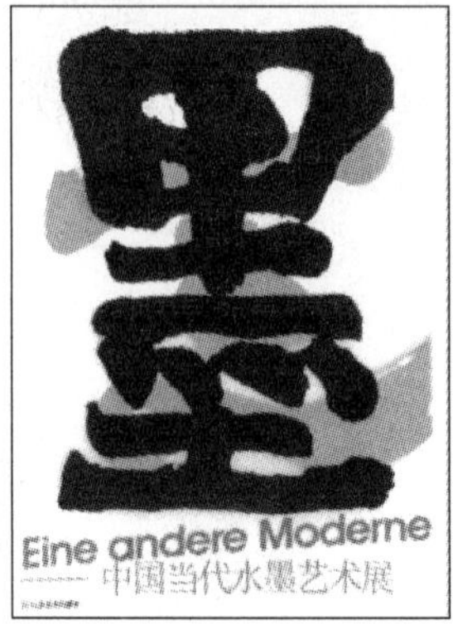

图 3-2　艺术类书籍装帧作品赏析

(1) 画册类书籍的装帧要点。

与文字类书籍相比，它更直观、生动，易于读者理解和接受。

思想的倾向性。由于作者本身带有主观倾向，所以在画册中不可避免地带有作者的意识、情绪和意象。因而塑造的形象并不是现实生活中的天然本色，而是带有倾向性的。

(2) 画册类书籍装帧的实战技巧。

主题鲜明突出，有助于吸引读者对版面的注意，增强对内容的理解。要使版面获得良好的诱导力，鲜明地突出主题，可以通过对版面的空间层次、主从关系、视觉秩序，以及彼此间的逻辑性的把握与运用来实现。

形式与内容统一。只讲完美的表现形式而脱离内容，只求内容而没有内容的表现，都会失去画册类书籍的意义。

强化整体布局，即将版面各种编排要素（图与图，图与文字）在编排结构及色彩上作出整体设计。

艺术类书籍封面的设计不同于社科类书籍和科技类书籍，由于其自身学科的特点，要求设计者在表现上更具有活跃性，无论从文字还是图片尽可能表现的不要呆板，力求生动，张显个性。如图 3-3 所示。

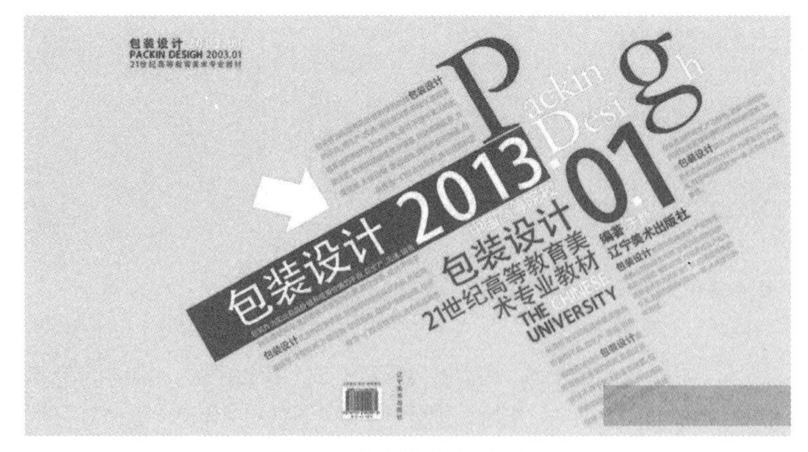

图 3-3　艺术类书籍（一）

图 3-3　艺术类书籍（二）

(3) 请设计一张艺术类书籍装帧封面。

题目:《张大千》(写出设计说明)

三、任务验收

学生姓名：　　　　班级：　　　　学号：　　　　组号：

	人员	评价标准	所占分数比例	各项分数	总分
任务 1	小组互评（组长填写）	1. 学习态度认真（2） 2. 掌握分析通知单的能力（3） 3. 具有表达能力和理解能力（2） 4. 具备良好的工作习惯（3）	10%		
	自我评价（学生填写）	1. 了解装帧封面设计的行业设计要求与规定（2） 2. 了解艺术类书籍装帧作品的设计要求，能够很好地完成素材收集的工作，并且符合行业要求（4） 3. 具有想象力和创新能力（4）	10%		
	教师评价（教师填写）	1. 了解书籍装帧设计的基本知识 2. 熟悉设计软件的操作 3. 初步了解艺术类书籍装帧封面设计的特点 4. 逻辑思维清晰，做事认真、细致，表达能力强，具备良好的工作习惯，具备团队合作精神	60%		
	进退步评价（教师填写）	1. 完成任务有明显进步（15～20） 2. 完成任务有进步（10～15） 3. 完成任务一般（5～10） 4. 完成任务有退步（0～5）	20%		
	任务收获（学生填写）				

任务 2　艺术类书籍内页版式设计

一、任务规划

任务描述

◆ 需求分析：了解任务目标、需求，以及基本工作流程。
◆ 实训任务：完成艺术类书籍内页版式设计的任务。

任务活动

项目 1　分析通知单
项目 2　设计艺术类书籍内页版式

学习建议

◆ 通过对出版物的分析和欣赏，结合理论学习，掌握书籍装帧设计的基本表现形式，熟悉书籍装帧设计的基本语言和方法
◆ 分组进行分析（4 人一组）
◆ 课前可以多看一些艺术类书籍装帧的相关资料，进行初步了解

评价标准

◆ 进一步了解和领会出版物设计的基本原则和设计要求
◆ 初步具备对艺术类出版物进行编排的能力
◆ 初步具备艺术类内页版式设计的能力
◆ 体现形式美的法则

任务实施（任务单）

学生姓名：　　　　班级：　　　　学号：　　　　组号：

单元任务	项目	项目内容	项目流程	项目时间	项目成果
艺术类书籍内页版式设计	分析通知单	1. 了解任务目标及需求 2. 了解通知单的内容	1. 图片举例、作品赏析等 2. 通过通知单进一步了解其对于设计样稿的指导作用	1 课时	分析通知单
	设计艺术类书籍内页版式	1. 了解任务目标及需求 2. 了解艺术类书籍内页版式的设计要求	1. 欣赏作品 2. 根据通知单，讲解和制作艺术类内页版式的设计要求	1 课时	尝试艺术类内页版式的设计
	设备需求	1. 多媒体专业教室 2. 笔记本、钢笔、纸样等			

二、任务实施

项目1　分析通知单

1. 项目描述

1. 进一步熟悉通知单，能够独立完成通知单的分析。

2. 工作环境

设备要求：实物投影仪，多媒体专业教室

3. 项目实施

1）赏析（如图 3-4 所示）

图 3-4　赏析

2）分析案例

艺术类书籍内页，不同于之前的书籍内页。相对于社科类和科技类书籍而言，它的内容更活跃。因此，为了更好地配合书籍内容，烘托气氛，在设计艺术类书籍时，可以适当地灵活，更加具有艺术气息。

3）尝试分析案例，并且进行归纳总结艺术类书籍内页的设计特点

项目2　设计艺术类书籍内页版式

1. 项目描述

运用之前所学的知识，设计艺术类书籍内页版式。

2. 工作环境

设备要求：实物投影仪、多媒体专业教室

3. 项目实施

1）赏析（如图 3-5 所示）

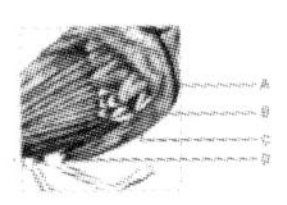

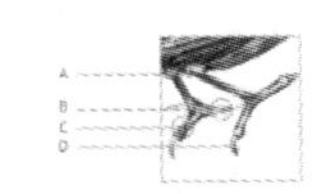

(a)

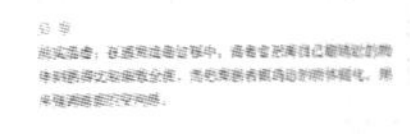

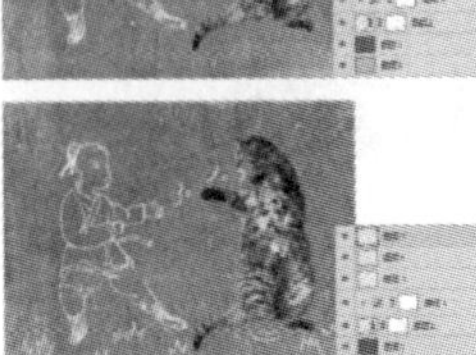

(b)

(c)

图 3-5 赏析

2）尝试进行艺术类内页版式设计

题目：《张大千》

三、任务验收

学生姓名：　　　　班级：　　　　学号：　　　　组号：

	人员	评价标准	所占分数比例	各项分数	总分
任务 2	小组互评 （组长填写）	1. 学习态度认真（2） 2. 具备分析通知单的能力（3） 3. 具有表达能力和理解能力（2） 4. 具备良好的工作习惯（3）	10%		
	自我评价 （学生填写）	1. 进一步了解装帧（艺术类）内页设计的行业设计要求与规定（2） 2. 进一步熟悉通知单对于设计的要求（4） 3. 具有想象力和创新能力（4）	10%		
	教师评价 （教师填写）	完成任务并符合评价标准（60） 1. 了解艺术类书籍装帧设计的基本知识 2. 熟悉设计软件的操作 3. 初步了解艺术类书籍装帧内页设计的行业设计要求与规定 4. 逻辑思维清晰，做事认真、细致，表达能力强，具备良好的工作习惯，具备团队合作精神	60%		
	进退步评价 （教师填写）	1. 完成任务有明显进步（15～20） 2. 完成任务有进步（10～15） 3. 完成任务一般（5～10） 4. 完成任务有退步（0～5）	20%		
	任务收获 （学生填写）				

实训

任务 1 “汉铭居”画册设计——项目实训

任务 2 “澳洲森林”画册设计——项目拓展

任务 1 “汉铭居”画册设计——项目实训

（一）项目描述

汉铭居是森鹰集团旗下的一个中式家具品牌，本项目要求为汉铭居家具品牌设计一本“企业宣传画册”。

（二）项目标准

（1）要求符合汉铭居的企业特点，体现汉铭居品牌的设计理念。

（2）体现产品中式传统、制作工艺精良的特色。

（3）突出汉铭居的企业文化特点。

（三）实施建议

（1）通过调研，了解公司对设计的总体意图。

（2）要了解汉铭居品牌的市场定位和企业形象定位。

（3）收集中式传统风格家具的画册，进行仔细的研究。

（四）项目资源

（1）森鹰家具网站 www.bjsenying.com。

（2）汉铭居家具的照片。

（3）汉铭居家具文案。

古韵今风

淡看世事

每个人生来都是一块璞玉。即使没有人看到你的价值也应该让你的灵魂绽出钻石星辰般的光芒。不必过于在意本质的定义，当你忽略了它却做到了自身的真实，便会在他人的眼中看见自己的本质。才，为世所重，用之为世所轻，自享之。

享受人生

生命原本是快乐的，如同一杯香浓的咖啡。只是有时我们太刻意地去感触那苦涩的存在，渐渐忘却了要去用心品味她的美好。从有生到思想与气息的停止，仿佛只是画完了一整个圆，一片虚无，但就是在这一段历程里，其实我们已然拥有了很多。

淡然以对

总有这样的时候，当我们在经历平淡的人生时，会懊恼为什么没有百转千回的浪漫发生在自己身上。但当人生真的掀起波澜，我们又会将充满企盼的眼神望向远方宁静的海港。其实，每个人也许都会有这样的过程，这是一段必经的成长旅途。无论是起起落落，还是波澜不惊，重要的在于让我们的心，有着能容海天的浩瀚的胸襟。

对品茗茶

人生即行旅。一路奔波，身边的人越来越少，直到某天发现苍茫暮色中只剩了一个自己，前不见古人后不见来者，而此时若有另一个人出现，一样的风尘疲惫，一样的落寞孤寂，看一样的书，做一样的事，有过同一种心情。这样的人，千般寻觅尚且不得，而今他来，雪夜对品清茶，赏窗外一枝梅开，冷月亦更添温馨。

独具创新

多年来，我们始终坚持着对家具的理解，坚持着独特的设计风格，对我们的产品质量和生产技术采用近乎苛刻的标准和要求。受到众多消费者的喜爱。

云淡风轻

不用刻意理解别人的对与错，也不用奢求别人理解自己的对与错。人生中受打击的感觉从不曾陌生，何妨将它视为不同形式的游戏？一场会令人无休止地振奋、坚强的游戏。当独坐窗前，望着天空遍布的晚霞，你会突然发觉，坚强有时很简单，一个未知的希冀便足以让它实现。

自我修养

任何有光的地方都会有阴影，人生亦是如此。一如在任何一片夜空之下，也会有星光流萤抑或微火烛光。何须刻意地去在乎得失悲欢？转头细思来路，许多都是在不知不觉中悄然而来，又悄然而逝。有时我们渴望的或许并不在我们确定的地方，而在琐碎生活中某个被遗忘的角落。

品味人生

品味人生是一种成熟的淡定，是洞察世事后的超然达观。是有品位，有涵养，懂得生活不张扬、不喧嚣，不再有不切实际的幻想的一种体现。这种境界是一种脚踏实地的平实，从而调整自己，完善自己，做最好的自己。生活本来丰富多彩、有滋有味，只须一颗慧心去静静体味，但慧心不是人人都有，更不是与生俱来，需要慢慢修炼！所以人生更要品味。品味是涵养慧胎的实践。

浩如烟海

人为何而活？也许是为了享受生命的过程，为了了解痛苦的滋味，为了某种自然的延续。人心原本虚无，虚无原本宁静，但心中为何不像那流水一般超然？只因人生存于世间，心生欲，欲而忧，忧固不逝。一切都需要时间，非一日所能淡然。风雨前的平静与雨疏风骤后的平静。平静，于人生之不同，或许仅此而已。

人生百态

人生，或许就是从朝阳出发，驶向夕阳的单程列车。沿途风景有好有坏，会遇见壮丽山河，也会见到小桥流水，感叹过美景易逝，也会为瞬间的惊艳百感交集。但是，无论经历了些什么，没有延续的都会悄然远去。当天空泛白，注目远方，那看似单色的晨光，其实包含着最丰富的色彩，那就是人生的颜色。

流年似水

在你的人生中，会否曾经遇到这样的人，他没有什么才气，但他爱你，那爱少有辞藻的修饰，朴实得无比寻常，以致你不曾留意；在你的人生中，会否曾经遇到这样的人，他没有什么钱，但他爱你，只是他来时，没有黄金马车，平常如一个流浪过客，以致你不曾留意。也许这都不是此刻会去留意的，但将来的某日，你是否会想起那个早已悄然消逝于你眼前的人。

（五）项目要求

(1) 符合中式传统画册封面设计的规律。

(2) 符合中式传统画册版式设计的规律。

任务单

项目名称	项目内容	工作时间	产品
森鹰家具——汉铭居	设计汉铭居画册	10 课时	汉铭居画册
	1. 设备要求：多媒体专业教室 2. 工具要求：铅笔、橡皮、笔、纸		

（六）项目实施

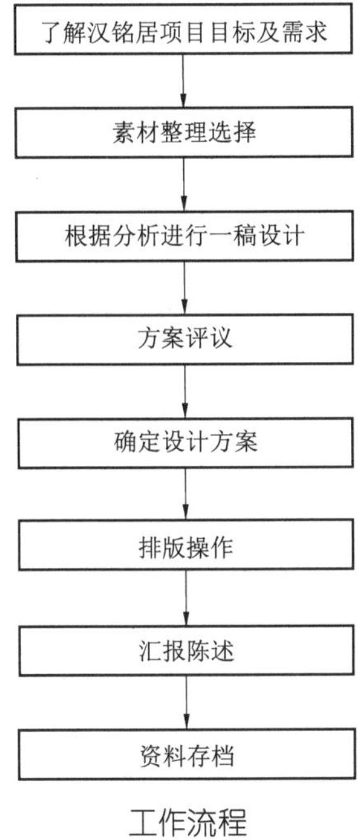

工作流程

1. 了解汉铭居项目目标及需求

和客户进行沟通，了解客户需求并进行相应地分析。制定设计方向。

2. 素材整理选择

根据设计方向，收集相应的图片和文字。

3. 根据分析进行一稿设计

根据前期与客户进行充分的沟通之后，以小组为单位，进行一稿的设计。

4. 方案评议

以小组为单位，对小组的设计作品进行点评，提出修改意见，选出优秀方案。

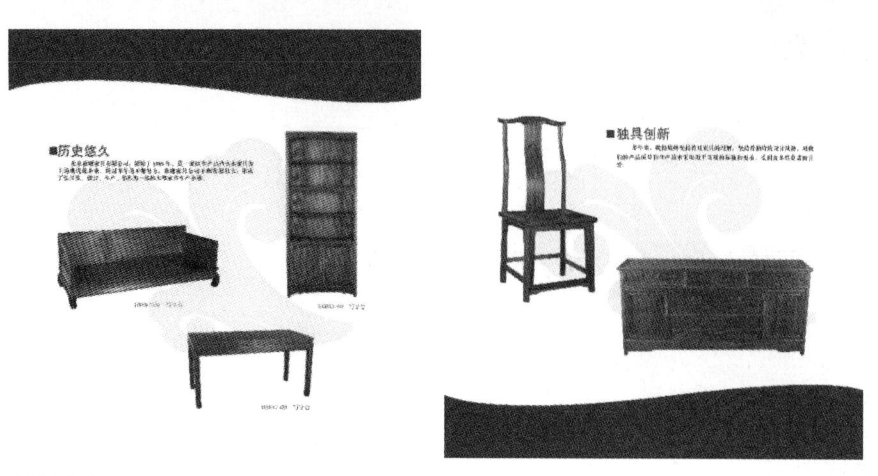

5. 确定设计方案

根据小组的分析和讨论及修改意见，确定设计终稿方案。

6. 排版操作

根据终稿方案，小组分工，进行相应的排版。

7. 汇报陈述

将所完成的设计作品进行整理，以小组为单位，组织语言，进行展示。

8. 资料存档

将终稿作品进行整理，收藏归档，备查。

（七）产品验收

“汉铭居”平面画册设计 验收表	
客户名称	项目名称
起始日期	甲方联络人及联络方式
工作内容	

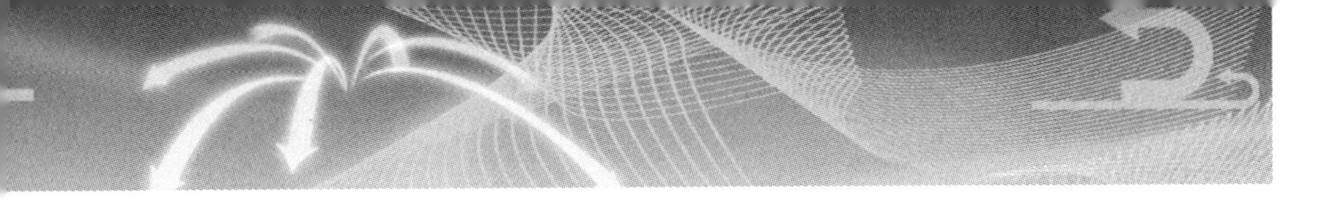

项目成果

验收意见：

项目完成优秀、良好、合格、不合格

验收方签字：

项目成员： 项目负责人：	指导教师：

项目验收时间：

（八）产品展示

古韵今风

享受人生

古韵今风

独具创新

古韵今风

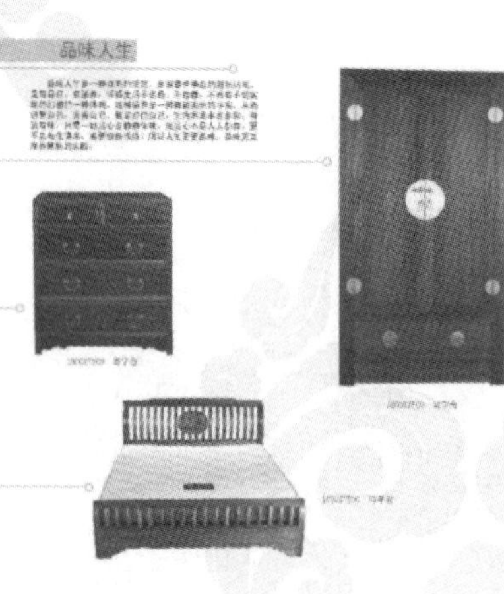
品味人生

任务2 “澳洲森林”画册设计——项目拓展

（一）项目描述

澳洲森林是森鹰集团旗下的一个现代家具品牌，本项目要求为澳洲森林家具品牌设计平面广告，以画册的形式呈现。要求体现澳洲森林品牌的风格，体现现代、环保、田园、经典的特色，设计要有现代感和田园气息，体现木质家具的特色。

（二）项目标准

(1) 要求体现澳洲森林品牌的理念。

(2) 体现出产品的鲜明风格和品质。

(3) 画册设计精致，具有现代感、色调明快、版式优美。

(4) 画册设计开本符合印制规范。

(5) 考虑在产品展示销售中的使用。

（三）实施建议

(1) 要了解该公司设计总体风格和企业文化的特点。

(2) 要了解澳洲森林品牌的推广的主旨和设计定位。

(3) 对现代风格家具的画册设计进行研究。

（四）项目资源

(1) 森鹰家具网站 www.bjsenying.com。

(2) 澳洲森林家具的照片。

(3) 澳洲森林家具相关文案。

（五）项目要求

(1) 符合西式家具画册封面设计的规律。

(2) 符合西式家具画册版式设计的规律。

任务单

<table>
<tr><th>项目名称</th><th>项目内容</th><th>工作时间</th><th>产品</th></tr>
<tr><td rowspan="2">森鹰家具——澳洲森林</td><td>1. 了解项目目标及需求
2. 学习现代风格家具品牌画册设计方法
3. 了解分析澳洲森林家具的风格特色
4. 素材整理选择
5. 设计创意、绘制草图
6. 上机操作，完稿</td><td>10 课时</td><td>澳洲森林画册</td></tr>
<tr><td colspan="3">1. 设备要求：多媒体专业教室
2. 工具要求：铅笔、橡皮、笔、纸</td></tr>
</table>

（六）项目实施

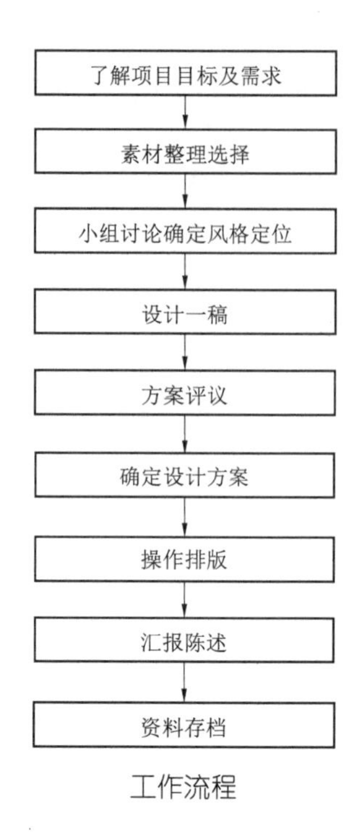

工作流程

（七）项目验收

<table>
<tr><td colspan="3">“澳洲森林”平面画册设计
验收表</td></tr>
<tr><td colspan="2">客户名称</td><td>项目名称</td></tr>
<tr><td colspan="2">起始日期</td><td>甲方联络人及联络方式</td></tr>
<tr><td colspan="3">工作内容</td></tr>
<tr><td colspan="3">项目成果</td></tr>
<tr><td colspan="3">验收意见：
项目完成优秀、良好、及格、不及格
验收方签字：</td></tr>
<tr><td>项目成员：</td><td>项目负责人：</td><td>指导教师：</td></tr>
<tr><td colspan="3">项目验收时间：</td></tr>
</table>

参 考 文 献

[1] 张路光，成红军. 书籍装帧设计与工艺. 天津：天津大学出版社，2015.

[2] 李冰. 书籍装帧设计. 北京：清华大学出版社，2011.